W0376173

Klaus Richarz
Bruno P. Kremer

Wie bissig ist der Löwenzahn?

Klaus Richarz und Bruno P. Kremer

Wie bissig ist der Löwenzahn?

Tier- und Pflanzennamen und was dahinter steckt

Cartoons von Friedrich Werth

KOSMOS

Was alles hinter Namen steckt

Die Dinge beim (richtigen) Namen nennen, heißt Klartext reden. Im Sinne der eindeutigen Verständigung ist das ein nachvollziehbares Erfordernis. Insofern sind Namen durchaus nicht nur Schall und Rauch, sondern unentbehrliche Bedeutungsträger.

Mit den Namen für Pflanzen, Pilze, Tiere und andere Lebewesen ist das jedoch so eine Sache: Manche sind selbsterklärend wie Pfingstrose und Rotkehlchen, andere kennt man einfach wie Rosskastanie oder Kohlmeise, obwohl auch darin einzelne Namenbestandteile in ihrer Bedeutung durchaus fragwürdig sein können: Was verbindet die Kastanie mit den Rössern, und welcher Art sind die Beziehungen der Meise zum Kohl? Oft kann man sich unter den verwendeten Namen etwas vorstellen, aber die darin enthaltenen Begriffe nicht erklären, weil sie als Wort einfach nichts bedeuten. Das liegt teilweise daran, dass viele an sich einfach und plausibel klingende Namen für Lebewesen in ähnlichem Lautbestand bereits aus dem Alt- oder Mittelhochdeutschen überliefert sind, beispielsweise Ahorn, Hasel, Hederich oder Möhre. Auch Diptam, Dost und Odermennig sind ohne das Bild der zugehörigen Pflanze bedeutungsleer und nicht zu übersetzen. Fallweise sind sie dabei sprachlich so verschliffen, dass sich ihre traditionsreiche Herkunft kaum noch erschließen lässt – so etwa bei der Walnuss = Welschnuss (stammt aus den „Welschlanden“ Italien bzw. Südfrankreich) oder beim Seehund, der sich vom althochdeutschen *selah* = Robbe (vgl. dazu das englische *seal*) ableitet. Der weit verbreitete Waldbaum Kiefer entstand aus der Verkürzung von Kien (= Zapfen) und Föhre, einem zwar weniger populären, aber immerhin noch bekannten Namen für diese Gehölzgattung, der Bussard aus dem althochdeutschen *musari*, was soviel wie Mäuseaar (Aar = Adler) bedeutet. Die Artbezeichnung Mäusebussard wäre dabei sogar eine Begriffsdoppelung. Immerhin: Die Beschäftigung mit den Namen heimischer oder anderer Lebewesen kann zu spannenden Ausflügen in die Kulturgeschichte verführen.

Die Namen für die Lebewesen haben jedoch auch ihre kuriosen bzw. spaßigen Seiten, weil sie Verständnisprobleme erzeugen und auf begriffliche Irrwege locken. Solche Blockaden ergeben sich gewöhnlich aus den gerade in der deutschen Sprache nahezu unerschöpflichen Möglichkeiten zur Bildung zusammengesetzter Hauptwörter. Solange nur zwei Begriffe gekoppelt werden, bleibt die Sache zumindest noch übersichtlich, etwa bei der Verbindung eines Tiernamens mit einem Pflanzennamen, die einen völlig neuen und dann in gewissem Maße erklärungsbedürftigen Pflanzennamen entstehen lässt: Bärenschote, Hundspetersilie, Katzenminze oder Rosskümmel sind solche zoologisch-botanischen Verquickungen. Es geht aber auch pflanzlich tierisch zu: Die Zusammensetzung je eines Pflanzen- und eines Tiernamens ergibt einen neuen Tiernamen, etwa Birkenzeisig, Kartoffelkäfer oder Lindenschwärmer. Auch „sortenreine“ Herkünfte sind vorhanden: Aus zwei Pflanzennamen entstanden Buchweizen, Kirschlorbeer und Kohldistel, aus zwei Tiernamen die Begriffschimären Entenmuschel, Flohkrebs und Käferschnecke. Wenn man die so benannten Arten nicht kennt, ist die Verwirrung zunächst einmal garantiert. Mitunter sind solche Artnamen sogar missverständlich, weil zumindest ein Namensbestandteil im bürgerlichen Sprachgebrauch eine andere Bedeutung hat. Kann der Zitronenfalter nun wirklich Zitronen falten oder der Apfelwickler ...? Vollends auf dem Glatteis landet man, wenn nicht nur zwei, sondern eine ganze Kette für sich genommen selbsterklärender Begriffe zu komplexen Artnamen zusammengefügt werden. Können Sie sich etwas unter dem „Einseitswendigen Kleingabelzahnmoos“ oder unter der „Gesackten Schrotschussflechte“ vorstellen? Diese Arten gibt es wirklich, aber die Namen sind irgendwie unhandlich und sinnentleert. Noch dramatischer stellt sich die Sache dar, wenn die vermeintlich einfachen

Namen gar nicht halten, was sie versprechen. Der Hexenbesen taugt nicht für Hobbyflieger, der Neuntöter ist kein Serienmörder und der Ziegenmelker kein Landwirtschaftsspezialist. Gerade solche kurios anmutenden Namen haben wir für dieses Buch gesammelt und gehen ihrer tatsächlichen Bedeutung nach.

Obwohl sie hier nicht im Vordergrund stehen, sind auch die wissenschaftlichen Artnamen ein kulturhistorisch außerordentlich interessantes Feld. Die Biologie verwendet für die in der Fachwissenschaft übliche zweiteilige Benennung von Pflanzen, Pilzen und Tieren gerne die Namen erinnerungswürdiger Zeitgenossen. Mit der aparten südafrikanischen Paradiesvogelblume *Strelitzia*, die eigenartigerweise zur Wappenblume von Los Angeles avancierte, fühlte sich ihre Durchlaucht Charlotte Prinzessin von Mecklenburg-Strelitz vermutlich durchaus geschmeichelt. Bei der Tannenwurzellaus *Pemphigius poschingeri*, die nach einem österreichischen Forstbeamten benannt wurde, mögen dagegen Zweifel erlaubt sein. Begonnen hat diese besondere Art von Personenkult mit dem schwedischen Botaniker Carl von Linné. Er erfand um 1750 die heute allgemein übliche zweiteilige Benennung der Lebewesen, die sich jeweils aus einem Gattungsnamen und einem die Art kennzeichnenden Zusatz zusammensetzt.

In seinem berühmten Werk „Species plantarum" benannte und beschrieb Linné rund 5900 Pflanzenarten. Damit stand er verständlicherweise vor dem Problem, genügend Begriffe zur Auswahl zu haben. Wo immer möglich, nahm er die schon bei antiken Autoren wie Theophrast, Dioskurides oder Plinius verwendeten Namen, beispielsweise *Cyclamen* für Alpenveilchen oder *Lamium* für Taubnessel. Eine überaus reichhaltige Fundgrube für wohlklingende Namen war die griechische Sagenwelt. Vom zyprischen Frühlingsheros *Adonis* über *Artemisia, Daphne, Dryas, Hebe, Heracleum, Mercurialis, Paeonia* und *Paris* bis zu *Tagetes* verzeichnet die wissenschaftliche

Namensgebung fast die gesamte Palette sagenhafter Herkünfte und Zuständigkeiten. Auch für die Tierwelt griffen Linné und viele Beschreiber nach ihm auf die Mythen der Antike zurück. *Aphrodita* ist heute ein (zugegebenermaßen sehr hübsch anzusehender) Meeresringelwurm, *Cassiopea* eine Qualle, *Doris* eine Meeresschnecke, *Iphimedia* ein Kleinkrebs, *Maja* eine Seespinne, *Pelops* eine Milbe und *Venus* eine Muschel. So lässt jedes Gattungsregister einer Flora oder Fauna unversehens in die Sagenwelten des Altertums abtauchen.

Schließlich nahm Linné auch erwähnens- oder erinnerungswerte Persönlichkeiten ins Visier. Bescheiden wie er war, berücksichtigte er dabei zunächst einmal sich selbst – das mit dem Holunder verwandte Moosglöckchen *(Linnaea borealis)* muss ihm besonders am Herzen gelegen haben. Dann waren verdiente frühere Kollegen an der Reihe. Die schon damals in Europa bekannte südamerikanische *Brunfelsia* benannte er nach dem pflanzenkundigen Mainzer Pfarrer Otho Brunsfels (1488–1534). *Fuchsia* erinnert an den Tübinger Botaniker Leonhart Fuchs (1501–1566), *Lonicera* (Heckenkirsche) hingegen an den Frankfurter Arzt und Mathematiker Adam Lonitzer (1528–1586). Auch alle seine Schüler von Clas Alströmer *(Alstroemeria)* bis Pehr Thunberg *(Thunbergia)* erhielten einen eigenen Gattungsnamen.

Die Liste der auch in nachlinnéscher Zeit von den Biologen in Artnamen verewigten Personen ist lang. Bei *Darwinia, Goethea* oder *Franklinia* ist der Bezug noch klar. Bei anderen kann man die Namenwahl nur mit einem detaillierten Lexikon klären. Der Blutrote Seeampfer *Delesseria*, eine schmucke Meeresrotalge, trägt den Namen eines reichen Pariser Bankiers. Die imposante pazifische Braunalge *Postelsia* ehrt den deutschen Pflanzenmaler Alexander Philipp Postels. *Molinia* (Pfeifengras) erinnert an einen spanischen Missionar, *Matteucia* (Straußfarn) an einen italienischen Unterrichtsminister. *Hagenia*, ein tropischer Regenwaldbaum, bewahrt den Namen eines preußischen Chemikers, *Kickxia* (Tännelkraut) den eines belgischen Apothekers und für *Sequoia* (Mammutbaum) stand ein Cherokee-Häuptling Pate.

Der britische Entomologe George Kirkaldy führte für Wanzen die neue Gattung *Peggichisme* („Peggy kiss me") ein, sein Kollege Arnold Menke für einen überraschend entdeckten Bodenkäfer den Artnamen *Aha ha*. Selbst Humphrey Bogarts legendärer Satz im Kultfilm Casablanca „Here's looking at you" („Schau mir in die Augen, Kleines") taucht, phonetisch fast zur Unkenntlichkeit umgebaut, im wissenschaftlichen Namen der Fliege *Heerz lukenatcha* auf.

Interessanterweise verwendet die Umgangssprache etliche Anleihen bei den Tiernamen zum Zwecke zärtlicher Umschreibungen (Bärchen, Lämmchen, Mäuschen, ...), aber auch zur Verstärkung heftigerer Dispute (dumme Gans, blöder Hund und größere Kaliber). Die Namen von Pflanzen oder gar Pilzen sind dazu bisher wenig oder gar nicht im Einsatz. Testen Sie doch einmal deren Wirksamkeit bei der nächsten Party, die in öde Langeweile abzugleiten droht.

Tier- und Pflanzennamen von A bis Z

Können Sie sich etwas unter einem Sackträger vorstellen? Oder gar unter Froschbiss, Hundswürger, Käsepappel und Teufelsabbiss? Von A wie Abendsegler bis Z wie Zypressenmoos entführen Sie die folgenden Seiten zu einer unterhaltsamen Wanderung durch das Alphabet seltsamer Namen von Pflanzen, Pilzen und Tieren.

ABENDSEGLER – rasanter Luftjäger am Abendhimmel

Seine deutschen Namen sind passend, sein wissenschaftlicher klingt wie Poesie: Gemeint ist *Nyctalus noctula*, der Große Abendsegler, auch Frühfliegende Fledermaus genannt. Oft schon kurz nach Sonnenuntergang sind Abendsegler zu beobachten. Auf den ersten Blick könnte man sie mit jagenden Mauerseglern oder Schwalben verwechseln. Auf langen, schmalen Flügeln mit einer Spannweite von rund 40 Zentimeter sprinten Abendsegler in schnellem, großräumigem Flug am freien Himmel, in und über Baumwipfelhöhe, über Wiesen und Gewässern Käfern, Nachtfaltern oder Köcherfliegen hinterher. Beliebtes Abendsegler-Jagdrevier ist auch der Luftraum über großen asphaltierten Parkplätzen oder über Mülldeponien, Flächen also, über denen sich in der aufgewärmten Abendluft besonders viele Insekten aufhalten. Schnelle, rasante Sturzflüge gehören ebenfalls zum Abendsegler-Flugprogramm, in dem sie zwischen raschen Flügelschlägen, bei denen sich ihre Flügel unter dem Körper fast berühren, auch Segelphasen einlegen. Neben dem Großen Abendsegler gibt es bei uns noch den Kleinen, auf den Azoren den Azoren-Abendsegler und den Riesenabendsegler. Letzterer kommt vorwiegend in Südosteuropa vor, ist nirgendwo häufig und macht außer auf Insekten – völlig außergewöhnlich für europäische

Fledermäuse – auch erfolgreich Jagd auf kleine Singvögel. Womit der Riesenabendsegler in die Luftjägerrolle kleiner Falken (Baumfalke, Merlin) schlüpft.

ADLERfarn: Stilvolle Stiele

Bis über zwei Meter hoch werden die leicht bogig überhängenden Wedelblätter des größten heimischen Farns – zweifellos eine imposante Erscheinung, die den Vergleich mit einem stolzen Adler nahe legt. Ob aber der Farn, der den Adler auch im wissenschaftlichen Namen trägt (*Pteridium aquilinum,* von lat. *aquila* = Adler), seine Bezeichnung nach den schwingenartig ausgebreiteten Blattfiedern erhielt, erscheint fraglich, denn auch andere großblättrige Waldfarne machen einen beschwingten Eindruck. Vermutlich geht die Benennung doch auf ein etwas verborgenes Kennzeichen zurück: Wenn man ein voll entwickeltes Wedelblatt aus dem Boden rupft und den untersten (schwarzbraunen) Teil des Blattstiels leicht schräg durchschneidet, zeigen die bei den Farnen ohnehin sehr seltsam aufgebauten Leitbündel in ihrer Gesamtverteilung das Bild eines Wappenadlers. Zur Zeit der k.u.k. Donaumonarchie deutete man diese Leitbündelfigur gerne als habsburgischen Doppeladler. Im bürgerlichen Zeitalter genügt die Verständigung auf eine einfache heraldische Figur.

ADMIRAL – weit gereister Liebhaber von Vergorenem

Wie die Rangabzeichen eines Admirals auf den Schulterklappen prangen die weißen Flecken auf dunklem Untergrund in den Spitzen der Vorderflügel der gleichnamigen Schmetterlingsart. Zudem zieht sich noch ein leuchtend rotes Band über Vorder- und Hinterflügel von *Vanessa atalanta.* Der Admiral ist ein echter „Zugvogel“ unter den Schmet-

terlingen. Jedes Jahr fliegt er als Wanderfalter von Nordafrika über das Mittelmeer bis nach Skandinavien. In lockeren Verbänden überqueren die Admirale Alpenpässe, um sich an ihrem Ziel fortzupflanzen. Die erste Raupengeneration lebt im Juni und Juli, die zweite von August bis September an Brennnesseln als bevorzugte Futterpflanzen. Die erste Flugperiode der Falter dauert demnach von Juli bis August, die zweite von September bis Oktober. In den letzten schönen Herbsttagen verlassen uns die Admirale wieder gen Süden, nicht ohne vorher an faulendem, gärendem Fallobst genascht zu haben. Wenn diese Fleckenfalter mit zusammengeklappten Flügeln auf Zwetschen, Birnen oder Äpfeln sitzen, um sich ihren „Obstler" zu genehmigen, sind sie mit ihrer düsteren Flügelunterseite und den zackigen Flügelrändern hervorragend getarnt. Jetzt erinnert nichts an ihre „Rangabzeichen" als Admiral.

Die Zwiebel als Lebensversicherung: ALLERMANNSharnisch

Dem Knoblauch *(Allium sativum)* sagt man möglicherweise nicht nur in Transsylvanien nach, dass er zuverlässig Vampire abwehre. Manche Pflanzen haben in der öffentlichen Einschätzung eben nicht nur arzneilich oder aromatisch hervorstechende Eigenschaften, sondern stehen auch als Zaubermittel in Ansehen. Das Mittelalter war für solchen Kräuterspuk besonders empfänglich, und viele der den Pflanzen angehängten Wunderkräfte gehen auf dieses dunkle Zeitalter zurück. Die aus dieser Zeit stammende Signaturenlehre leitete das (angebliche) Einsatzgebiet einer Pflanze aus deren Erscheinungsbild ab; das erklärt beispielsweise Pflanzennamen wie Leberblümchen, Lungenkraut, Milzkraut oder Zahnwurz. Auch dem Allermannsharnisch *(Allium victorialis)* sprach man wunderbare Kräfte zu und nannte ihn außerdem Sieg-Lauch (lat. *victoria* = Sieg). Seine länglichen Zwiebeln sind von einem dichten Fasernetz älterer Blätter eingehüllt, und die mittelalterlichen Kräuterkundigen fühlten sich sofort an das Kettenhemd (= Harnisch) ihrer Krieger erinnert. Folglich sollte also ein hieb- und stichfester Schutz für jedermann bestehen, wenn man eine Zwiebel als Amulett bei sich trug. Die angebliche Unverletzlichkeit sahen die Pflanzenmystiker auch darin bestätigt, dass der Allermannsharnisch auf den Almen seines alpinen Verbreitungsgebietes vom Vieh nicht angeknabbert wird – allerdings wohl eher wegen seines heftigen Geschmacks.

Was ist am ALPENstrandläufer alpin?

Calidris alpina heißt er, der starengroße, kleine Kerl aus der Familie der Schnepfenvögel. Nach der Brutzeit versammelt er sich mit seinen Artgenossen zu Hunderttausenden im Wattenmeer. Dort mausern sie und stochern im Wattboden und Schlick nach Würmern, Schnecken, Muscheln, Mückenlarven und Krebschen. Erwachsene Alpenstrandläufer sind im Schlichtkleid oberseits braungrau, unterseits weiß mit feinen grauen Bruststrichen gefärbt. Im Prachtkleid tragen sie eine rostbraune Oberseite und einen schwarzen Brustfleck zur Zier. Häufig können die spätsommerlichen und herbstlichen Wattenmeer-Touristen riesige Wolken von Alpenstrandläufer-Trupps bei ihren rasanten, wendigen Flugmanövern beobachten, begleitet von ihren gepressten „trrü"-Rufen. Grönland, Island, die Britischen Inseln, das nördliche Eurasien sowie Kanada und Alaska sind ihre Brutheimat. Dort brüten paarweise die Alpenstrandläufer in Bodennestern aus, um die nestflüchtenden Jungen in einem wahren Insektenparadies durch den kurzen, nordischen Sommer zu begleiten. Die Zugvögel lernen so im Wechsel das Wattenmeer und ihre Brutgebiete in Feuchtwiesen, Mooren und Tundren kennen, die vom nordischen Flachland bis in höhere Lagen reichen. Nur die Alpen sieht *Calidris alpina* nie. Carl von Linné ist sein Namensgeber. Nicht etwa, dass der „alte Schwede" sich tiergeografisch geirrt hätte. Vielmehr verwendete der Systematiker das Wort „Alpen" als Synonym für „hohe Gebirge". Linnés Beschreibung des Alpenstrandläufers bezog sich auf ein Vorkommen in Lappland, und hier in den „Lappländischen Alpen". Damit teilt *Calidris alpina* den Artnamen mit der Ohrenlerche *Ermophila alpestris.* Die „Freundin der Einöde", so die Übersetzung der griechischen Worte *eremos* = Einöde und *phile* = Freundin, liebt, wie der Alpenstrandläufer, ihre nordischen Tundren und Gebirge oberhalb der Baumgrenze.

AMEISENjungfer – grazil und gar nicht jüngferlich

Oberflächlich erinnert die äußerst grazile Ameisenjungfer mit ihren glasartig durchsichtigen Flügeln an eine Libelle. Tatsächlich gehört die Verwandte der Florfliege zu den Netzflüglern. Eine der Ameisenjungferarten heißt wegen ihres libellenähnlichen Aussehens sogar *Palpares libelluloides,* Libellenähnliche Ameisenjungfer. In den warmen Sommermonaten fliegen Ameisenjungfern auf der Jagd nach Insekten an sonnigen Wald- und Wegrändern, am Rand von Sandgruben oder in trockenen, lichten Wäldern und steppenartigem Gelände. Man sieht sie aber nur selten, weil sie erst gegen Abend munter werden und tagsüber gut getarnt mit ihren durchsichtigen Flügeln und dem düster gefärbten Leib in der Vegetation sitzen. Ihr Name Jungfer bezieht sich wohl auf ihre scheinbare Zerbrechlichkeit. Gar nicht jüngferlich legen die Ameisenjungfer-Weibchen ihre befruchteten Eier an sandigen Plätzen ab. Die daraus schlüpfenden Larven haben so interessante Verhaltensweisen entwickelt, dass man ihnen einen eigenen Namen gab: Ameisenlöwe.

AMEISENlöwe – Löwenjagd im Trichter

Afrikanische Löwen jagen gesellig ihre Beute im berühmtesten Trichter Afrikas, dem Ngorongoro-Krater in Tansania. Unsere „Löwen" tun das in Einzeltrichtern manchmal direkt um die Hausecke. Das „Löwenjagdverhalten" des im Gegensatz zu seinen grazilen Eltern, den Ameisenjungfern, äußerst bulligen Ameisenlöwen faszinierte Naturforscher zu allen Zeiten. So widmete Rösel von Rosenhof bereits 1755 in seiner „Insektenbelustigung" dem Ameisenlöwen und seinem Verhalten eine exakte Beschreibung nebst detaillierten Zeichnungen. Tauchen wir ein in das Jagdrevier des Ameisenlöwen, das bereits in der trockenen Sandzone entlang der Sonnenseite unseres Hauses liegen kann. Dort fallen uns zunächst nur die vielen kleinen Trichter im sandigen Boden auf, die aussehen, als wären sie beim Murmelwerfen der Kinder entstanden. Wenn aber eine Ameisenschar an den Trichtern vorbeimarschiert und eines der Tiere einem der Kraterränder so nahe kommt, dass etwas herunterrieselt, wird der Trichtergrund wie auf ein Signal hin plötzlich lebendig. Wie aus einer Pistole geschossen, fliegen Sandfontänen gegen die Ameise nach oben. Nach kurzem Trudeln schlittert sie, weiter unter schwerem Beschuss, kraterabwärts. Unten angekommen, wird die Ameise von den kräftigen Kieferzangen des etwa ein Zentimeter großen Ameisenlöwen gepackt. Durch die hohlen Kieferklauen injiziert er jetzt ein lähmendes Gift, um die Ameise, aber auch größere Beutetiere auszusaugen. Wie zuvor der Sand, schleudert am Ende seines Mahls der Ameisenlöwe noch die leere Hülle der Beute aus seinem Fangtrichter. Am Ende seiner meist zweijährigen Entwicklung spinnt er sich einen kugeligen, außen dick mit Sandkörnern belegten Kokon. Darin verpuppt sich der „Löwe" im Winter, um als grazile Ameisenjungfer durch den nächsten Sommer zu fliegen.

ANGLER unter Wasser Menschliche Angler stellen sich normalerweise zum Angeln an oder ins Wasser, oder sie Angeln von einem Boot aus. Eine ganz andere Technik praktiziert der Angler oder Seeteufel *(Lophius piscatorius)*. Auch er besitzt eine „Angel". Dieser fast zwei Meter große Bodenfisch ist teuflisch gut getarnt. An seinem abgeplatteten, nur hinten seitlich zusammengedrückten Körper finden sich zahlreiche Hautanhängsel. Auf seinen armartigen Brustflossen schleicht er sich geschickt an andere Fische heran. Der fleischige Hautanhang am ersten verlängerten Strahl seiner dreistacheligen Rückenflosse dient ihm jetzt als Köder für die Fische, die auf den halb im Sand oder Schlamm eingegrabenen Angler sorglos zuschwimmen. Bevor sie nach dem „Köder“ seiner „Angel“ schnappen können, verschwinden sie in der riesigen Mundöffnung des froschähnlichen Angler-Mauls mit den vielen kleinen, nach innen gekrümmten Zähnen.

Tierischer Pümpel – der ANSAUGER

Man mag ihn nicht und braucht ihn doch. Spätestens, wenn die Abflussrohre von Badewanne, Wasch- oder Duschbecken verstopft sind, ist man froh, dass man ihn zur Hand hat, den Pümpel mit der roten Gummisaugscheibe am kurzen Holzgriff. Tierische „Pümpel“ sind die Ansauger oder Saugfische, die ihre Bauchflossen in eine große, mit zahlreichen Papillen besetzte Saugscheibe umgewandelt haben. Sie sitzt auf der Unterseite des Fischkörpers ganz dicht hinter dem Kopf. Als Bodenfische halten sich Ansauger zwischen Seegraswiesen und in Gezeitentümpeln auf. In den bewegten Küstengewässern können sie sich mit ihrer Saugscheibe an Steinen festhalten, durch eigenartige Bewegungen ihres „Pümpels“ an den Steinen oder glatten Felsen aber auch rasch entlanggleiten. *Diplecogaster bimaculata*, Zweifleckenansauger, heißt ein bis zu fünf Zentimeter großer, grundelähnlicher Fisch, der bei uns in der Nordsee „pümpelt“.

ARCHE Noah – nur ein Passagier an Bord Wer Arche Noah heißt, muss etwas mit ganz viel Wasser zu tun haben. Und so ist es auch. Sie heißt mit deutschem wie wissenschaftlichem Namen gleich, nämlich Arche Noah. *Arca noae* ist wohl die bekannteste Art aus der Familie der Archenmuscheln (Arcidae), einem uralten, schon vor 500 bis 450 Millionen Jahren existierenden Muschelgeschlecht. Archaische, ursprüngliche Merkmale haben Archenmuscheln bis heute behalten. So sind bei ihnen die beiden Schließmuskeln noch gleich groß und ihr Schloss trägt meist zahlreiche, mehr oder weniger gleichartige Zähne. Dagegen haben sie den ursprünglich strahlenförmigen Stand der Zähne abgeändert. Archenmuschel-Schalen sind breit gestreckt, meist gerippt und tragen eine haarige oder schuppige Oberschicht (Periostrakum), die einer Art den Namen *Barbatia barbata*, Bärtige Archenmuschel, eintrug. Unsere Arche Noah wohnt in ihrem acht Zentimeter langgestreckten, hellbraunen Gehäuse mit dunkler geflammten Bändern, das von einer braunen, kurzhaarigen Oberschicht bedeckt ist. Wegen ihrer Häufigkeit, Schmackhaftigkeit und Größe endet die Arche Noah rund ums Mittelmeer sehr oft auf Fischtheken. Dort holt man den einzigen Passagier aus dem Arche-Noah-Gehäuse heraus, um das wohlschmeckende Muschelfleisch roh und mit Genuss zu verzehren.

Schlüpfriges Parkett: ARONstab

Mit dem Aronstab *(Arum maculatum)* entwickelt sich im Frühjahr am Laubwaldboden eine der eigenartigsten heimischen Pflanzen, deren artenreiche Verwandtschaft überwiegend tropisch verbreitet ist: Ein bis zu 30 Zentimeter hohes, bleich- bzw. hellgrünes Hochblatt ist an seiner Basis zu einer kugeligen, etwa 1,5 Zentimeter breiten Kesselfalle erweitert. Innen ragt ein kräftiger, grünlich roter bis purpurbrauner Kolben auf, der ganz unten im Kessel breite Ringe mit unscheinbar knotigen Blüten trägt. Dieses seltsame Gebilde hat die Fantasien mächtig angeregt: Der ungewaschene Volksmund folgt den Worten eines Kräuterkundigen aus dem 16. Jahrhundert, wonach der Kolben „eine rote gestalt hat wie ein manns rut“. Auf dieser delikaten Linie liegt auch der zunächst unverfänglich jugendfreie englische Name „Lord-and-Lady“ für diese Pflanze. Die akademische Variante der Namendeutung verweist dagegen auf den biblischen Bericht vom ergrünenden Wanderstab des Hohepriesters Aron, des Bruders von Moses.

Hübscher Hingucker: AUGENtrost

Im Vergleich zur grasgrünen Monotonie einer Intensivweide ist eine sommerbunte Blumenwiese zweifellos eine Wohltat für die Augen. Unter den zahlreichen Wiesenpflanzen, die ihren Betrachter so aufmunternd vieläugig ansehen, macht eine ganz besonders schöne Augen: Der Augentrost *(Euphrasia officinalis)* trägt in seinem Blütenzentrum einen farbauffälligen Fleck und rund herum dunkle Striche, die wie verführerisch lange Wimpern aussehen. Dieses ausdrucksvolle Make-up ist an sich ein Signal an die Blütenbesucher, die schneller den Zugang zu den Nektarvorräten finden sollen. Nach der mittelalterlichen Signaturenlehre verrät das Erscheinungsbild einer Pflanze angeblich ihr Einsatzgebiet als

Heilpflanze, und so hat man aus dem Kraut allerhand Tinkturen gegen Augenentzündungen zubereitet. Wie der Klappertopf (siehe Seite 69) ist auch der Augentrost ein Halbschmarotzer: Mit besonderen Saugwurzeln zapft er die Wurzeln anderer Wiesenpflanzen an und ist gegen diese mehrjährige Konkurrenz ziemlich durchsetzungsfähig, obwohl er selbst nur einjährig wächst.

BÄRENklau – eine haarige Angelegenheit

Vielleicht ist der Bär los und klaut heimlich Honig – wäre noch eher denkbar als ein geklauter Bär. Beide Deutungen treffen indessen nicht zu, denn gemeint ist die Bärenklaue im Sinne von einem Fußabdruck: Die großen Blätter oder zumindest ihre mehrteilige Endfieder erinnern im Umriss an die Laufspur eines Bären, der als einziges (heimisches) Raubtier Sohlengänger ist und damit recht großflächig im Leben steht. Außerdem sind die Blätter ebenso wie die übrigen Teile auch noch dicht und kräftig behaart. Beide in Mitteleuropa vorkommende Arten, der Wiesen-Bärenklau *(Heracleum sphondylium)* und der Riesen-Bärenklau *(H. mantegazzianum)*, erinnern in ihrem wissenschaftlichen Gattungsnamen an einen antiken Kraftprotz, der als Herakles bzw. Herkules die griechisch-römische Sagenwelt bereichert und unter anderem seinen Musiklehrer umbrachte, weil der zu viel auszusetzen hatte. Da beide Pflanzen recht stattliche Erschei-

nungen sind – beide erreichen Höhen von zwei Metern – drücken die Namensteile Bär und Herkules wohl gleichsinnig eine urwüchsige physische Kraft aus.

Name auf schwachen Füßen: BEIFUSS

Tierische Extremitäten tauchen in Pflanzennamen relativ häufig auf: Geißfuß *(Aegopodium)*, Gänsefuß *(Chenopodium)*, Krähenfuß *(Coronopus)* oder Vogelfuß *(Ornithopus)* sind Beispiele aus der heimischen Flora. In ihren wissenschaftlichen Gattungsnamen steckt jeweils das griechische *pous/podos* für Fuß, sprachlich verwandt übrigens mit dem lateinischen *pes/pedis*. Auch die alpine Symbolpflanze schlechthin, das Edelweiß, ist eigentlich tierfüßig, denn wörtlich übersetzt bedeutet sein wissenschaftlicher Gattungsname *Leontopodium* = Löwenfuß. Gewiss – manchmal liegt der Formvergleich durchaus nahe, wie beim Blattschnitt des Geißfuß oder dem Fruchtstand des Vogelfuß. Beim Edelweiß = Löwenfuß mögen bereits Zweifel erlaubt sein. Beim Beifuß bietet die Gliedmaßenanatomie nun überhaupt keine Handhabe, denn diese Bezeichnung leitet sich von dem unübersetzbaren althochdeutschen Pflanzennamen *bipoz* ab. Den wissenschaftlichen Gattungsnamen *Artemisia* für die Beifuß-Arten und ihr aromatisches verwandtschaftliches Umfeld (Eberraute, Estragon, Wermut) kann man dagegen verstehen: Er weist diese Würzpflanzen der griechischen Artemis zu, die nicht nur als Göttin der Jagd, sondern gleichermaßen als eine antike Frauenbeauftragte und Heilgöttin erscheint.

Bis auf die Knochen: BEINWELL

In den Moorgebieten Nord(west)-deutschlands wächst die zarte, aber verführerisch hübsche Moorlilie, die man auch Beinbrech *(Narthecium ossifragum)* nennt (von lat. *os* = Knochen, *frangere* = brechen). Der Grund ist klar: Kommt man der Pflanze zu nahe, begeht man leicht einen Fehltritt, gerät in Schlammlöcher, knickt mit den Füßen weg und bricht sich womöglich etwas. Doch die Natur hat vorgesorgt. Mit dem Beinwell *(Symphytum officinale)* steht ein wirksamer Knochenflicker zur Verfügung. Schon im frühen Mittelalter zur Karolingerzeit nannte man ihn *beinwalla* = Wohltäter der Gebeine, und bis heute bereitet man aus dem Wurzelstöcken eine Paste zu, die Knochenhautverletzungen oder Frakturen heilen hilft. Diese erwiesene arzneiliche Wirkung unterstreicht auch der wissenschaftliche Gattungsname: Symphytum leitet sich ab von (griech.) *symphyein* = zusammenfügen. Das gleiche Wort steckt übrigens im medizinischen Fachausdruck Symphyse für Knochenfuge. In Großbritannien nennt man die Pflanze *comfrey*, und dieser Name meint genau dasselbe, denn er kommt von (lat.) *conferre* = zusammenbauen.

BEUTELteufel – in vielen Sprachen teuflisch

Beutelteufel, Tasmanian devil, Native devil oder Sacrophile satanique wird er genannt, der gut waschbärgroße Raubbeutler von der großen Insel Tasmanien. In der Abgeschiedenheit des australischen Kontinents konnten *Sacrophilus harrisii* und seine Mitbeuteltiere ohne „Einmischung" von höheren Säugetieren in unterschiedlichste Rollen hineinwachsen. Dabei übernahm Sarco-philus, der Fleisch-freund, die Hyänen-Rolle. Der Artname dieses Fleischfreundes bezieht sich auf seinen Erstbeschreiber G. P. Harris. Tagsüber schläft der Einzelgänger in einem

Versteck, um mit beginnender Dämmerung auf Nahrungssuche zu gehen. Sowohl der schleppende Galopp wie der breite Kopf und das mächtige Gebiss des Beutelteufels erinnern dabei an die afrikanisch-asiatischen Hyänen. Ziel seiner nächtlichen Streifzüge sind die Kadaver verendeter oder getöteter Warmblüter, die er als „Gesundheitspolizist“ beseitigt. Seine Raubzüge führen ihn aber auch in die Geflügel- und Schafhaltungen. Von Insekten bis zu halbwüchsigen Schafen reicht sein Spektrum an lebender Beute, die er überwältigen kann. Wenn er im schwarzen Fell, nur wenig weiß gefleckt, „Ernte“ unter Farmtieren hält, oder sich mit Artgenossen lautstark und bissig um die Beute streitet, braucht es nicht wundern, dass man in ihm den Native devil (einheimischen Teufel) sah, diesem Beutelteufel.

Hervorstechendes Können: BIENENfresser

Wenn wir ihn steckbrieflich suchen müssten, wäre für den Bienenfresser folgende Beschreibung angebracht: Etwa amselgroß, aber viel schlanker; langer, abwärts gebogener Schnabel; auffällig buntes Gefieder; bei erwachsenen Bienenfressern Oberkopf und Rücken kräftig kastanienbraun, zum Bürzel hin gelb, Kinn und Kehle leuchtend gelb, durch schwarzes Band von grünlich blauer Unterseite abgesetzt; mittlere Schwanzfedern bei den Altvögeln verlängert. Bienenfresser halten sich in warmen Gegenden mit offenem Gelände, blumen- und insektenreichen Trockenrasen, Wiesen und Weiden auf. Die Langstreckenzieher mit Winterquartier in Afrika kommen bei uns gelegentlich in alten Sandgruben vor. Wer zu den Buntesten und optisch Auffälligsten in der europäischen Vogelwelt zählt, sollte eigentlich nach diesen Merkmalen benannt sein. Doch eine andere Fähigkeit dieses Vogels beeindruckte die Menschen wohl so sehr, dass sie ihn Bienenfresser *(Merops apiaster)* nannten. Wobei sein wissenschaftlicher Name sogar zweimal diese „hervorstechende" Eigenschaft umschreibt. *Merops* heißt auf Griechisch ebenso Bienenfresser wie *apiaster* auf Lateinisch. Der „Bienenfresser bienenfresser" lebt ausschließlich von mittelgroßen bis großen Fluginsekten, darunter hauptsächlich von Bienen und Wespen, fängt aber auch Heuschrecken, Käfer und Schmetterlinge. Hautflügler, die mit einem Giftstachel bewehrt sind, packt der Bienenfresser meist in der Körpermitte, fliegt damit auf einen Zweig, um die Beute mehrfach dagegen zu schlagen. Zur Entgiftung des Stachelapparates wird das Hinterleibende des betäubten Insekts anschließend mehrfach auf der Zweig-Unterlage hin und her gewetzt. Diese Entgiftungsaktion reicht dem Bienenfresser, egal ob er das Insekt anschließend selbst verspeist oder an seine Jungen verfüttert. Obwohl die Vögel gegen Hautflügler-Gift nicht völlig immun sind, scheinen ihnen einige Giftstiche wenig auszumachen.

Bienenjäger und Wolf im Schafspelz: der **BIENEN**wolf

Es sollte ihr letzter Blütenbesuch werden. Dabei hatte der heiße Sommertag so vielversprechend begonnen. Schnell fand die Honigbiene das ergiebige Blütenfeld, von dem ihr die zuvor in den Bienenstock zurückgekehrte Kollegin mit ihrem Rundtanz berichtete. Während unsere

Blütenbesucherin noch tief im Blütenkelch abgetaucht vom Nektar nascht, ist sie längst ins Visier eines Fluginsekts geraten. Der Bienenwolf, erkenntlich an seiner typisch gelbschwarzen Wespentracht, dem großen Kopf und den mittig verdickten Fühlern, ist ein hoch spezialisierter Bienenjäger.

Sein scharfes Auge und sein sicherer Geruchssinn leiten ihn zum noch ahnungslosen Opfer. Schnell nimmt er über den Blüten rüttelnd die Beute wahr. Angezogen von ihrem typischen Honiggeruch, stürzt sich der Jäger blitzschnell auf die Biene in der Blüte, die zwar noch versucht, ihren Giftstachel gegen den Angreifer aus der Luft einzusetzen, doch der rutscht am glatten Panzer des Bienenwolfs *(Philanthus triangulum)* mehrfach ab. Trudelnd stürzen beide aus der Blüte zu Boden. Noch im Fallen versetzt der Wolf aus der Familie der Grabwespen seiner Beute einen giftigen Stich, der die Biene betäubt. Auf dem Boden angekommen, drückt er der Biene den Hinterleib zusammen und presst dabei den süßen Mageninhalt aus dem Bienenrüssel heraus. Auf den hat er es abgesehen. Nach seiner Verköstigung transportiert der Wolf, der eigentlich eine Wölfin ist, die Beute im Flug zum Nest. Das einzeln lebende Bienenwolf-Weibchen war Mitte Juni geschlüpft. Zur Fortpflanzung hatte es sich in einer Steilwand eine rund ein Meter tiefe Röhre gegraben, die in meist sechs Kammern endet. Dort hinein schafft es jetzt seine Beute. Jede der Kammern füllt das Weibchen in den nächsten Tagen mit drei bis vier erbeuteten Honigbienen. Wenn alle Bienen eingetragen sind, legt das Bienenwolf-Weibchen ein Ei auf eine der Bienen.

BITTERling – kein Kümmerling

Der nicht bitter schmeckende Bitterling lebt als kleiner Karpfenfisch in stehenden oder langsam fließenden Gewässern. Dort pflegt er stets die Gesellschaft zu Teich- oder Malermuscheln. Während der Laichzeit wählen sich die Bitterling-Männchen ein Revier mit einer Muschel aus, das sie gegenüber Artgenossen verteidigen. Schließlich ist die Muschel unverzichtbarer Bestandteil einer erfolgreichen Bitterlings-Vermehrung. Nachdem das Weibchen mit ihrer Legeröhre die Eier in den Kiemenraum der Muschel abgegeben hat, spritzt der Revierinhaber seinen Samen über die Muschel, den diese über das Atemwasser einsaugt. So ist dafür gesorgt, dass die Bitterling-Eier befruchtet werden. Nach zwei bis drei Wochen Brutzeit verlässt der gut ein Zentimeter winzige Bitterling-Nachwuchs die sichere „Brutstation“.

BLAUBOCK – nichts mit Apfelwein gemein

Einige Hessen, besonders etwas ältere, würden bei „Blaubock“ an die Kultsendung „Zum blauen Bock“ denken, in der über Jahre das Frankfurter Nationalgetränk von den Moderatoren Lia Wöhr und Heinz Schenk mit Musik und Sketchen zelebriert wurde. Wenn wir diesen TV-Apfelwein-Garten verlassen und uns im Tierreich umsehen, ist der Name Blaubock gleich mehrfach vergeben. Ein Namensträger ist *Gaurotes virginea*, ein gut

ein Zentimeter kleiner Käfer aus der Familie der Bockkäfer, die ihren Familiennamen wegen ihren langen, immer leicht nach außen gekrümmten, an Bockshörner erinnernden Fühler bekommen haben. Der Blaubock unter ihnen trägt zum roten Halsschild grün oder blau metallisch schillernde Flügeldecken. An Waldrändern im süd- und mitteldeutschen Bergland kann man das „Blauböckchen" von Mai bis August häufig finden. Ein Blaubock existiert auch noch in größerer Ausführung. Der schöne, zu den Pferdeantilopen zählende Blaubock *(Hippotragus leucophaeus)* wurde jedoch von den frühen Kolonisten in Südafrika als lästiger Konkurrent für ihr Vieh betrachtet und so nachhaltig verfolgt, dass die Antilope mit dem bläulichen Fell bereits 1900 vollständig ausgerottet war. Als Erster berichtete 1719 Peter Kolb, späterer Magister in Neustadt/Aich, von seiner Begegnung mit dem Blaubock bei Kapstadt, den er als *Capra coerulea*, einen „blauen Bock", vorstellte. Womit wir fast wieder bei der Apfelwein-Sendung wären.

BLINDschleiche – nicht blind, dafür blendend

Immer noch werden Blindschleichen mit Schlangen verwechselt und nicht selten aus völlig unbegründeter Furcht vor diesen zertreten oder erschlagen. Dabei gehört das beinlose Reptil nicht zu den Schlangen, sondern ist mit den Eidechsen verwandt. Auch kann sie, wie ihre nähere Verwandtschaft, die Augen öffnen und schließen. Blindschleichen verfügen weder über den starren Schlangenblick noch schlängeln sie sich elegant durch ihr Reich. Ihr wissenschaftlicher Name *Anguis fragilis* bedeutet „zer-

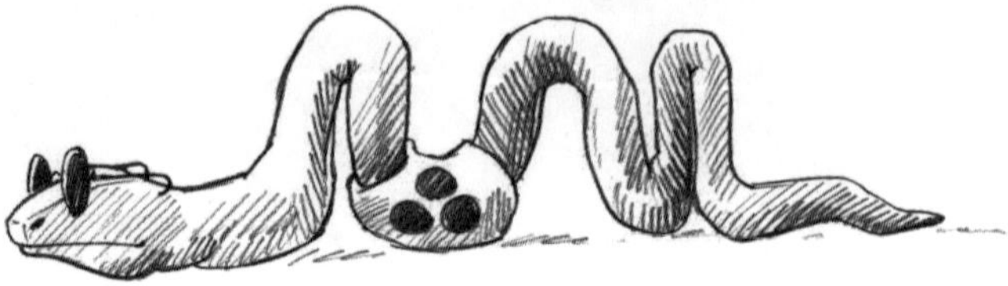

brechliche Schleiche“ und spielt auf eine Fähigkeit an, die sie mit der Eidechsen-Verwandtschaft teilt. Beim Zugriff eines Räubers lässt die Blindschleiche einfach ihren zappelnden Schwanz als Ablenkungsmanöver zurück und kann sich in der so gewonnenen Zeit vor dem verblüfften Verfolger in Sicherheit bringen. Der Name Blindschleiche leitet sich von ihrem althochdeutschen Namen „Plintschlicho“ ab, der „blendende Schleiche“ bedeutet und auf ihre wunderschön glänzende, bleigrau-, kupfer- oder bronzefarbene Haut anspielt. Blind ist sie keineswegs, diese blendende Schleiche, die uns sogar anblinzeln könnte.

Der trübe Blick mit dem BLUTAUGE

An sich ist die heimische Sumpfpflanze recht hübsch anzusehen – schlanker Wuchs, feingliedrige Blätter, zarte Behaarung. Nur die Blüte mag nicht jedem gefallen: Sie ist ungefähr augengroß, fünfblättrig und so finster dunkelrot wie geronnenes Blut. Am Erscheinungsbild der Blüte sind nicht nur die zugespitzten Kronblätter beteiligt, sondern vor allem die noch viel größeren und ebenfalls blutrot ausgefärbten Kelchblätter. Man schaut also buchstäblich in eine Blutlache. Ihr trübes Rot findet dennoch seine besonderen Liebhaber. Vor allem bestimmte Fliegen lassen sich davon gerne anmachen. Heute stellt man diese Art wegen ihrer Blattform zu den Fingerkräutern und nennt sie *Potentilla palustris*. Vor einiger Zeit fasste man sie noch als eigene Gattung *Comarum* (mit dem Artnamen *C. palustre*) auf – ein Name, der sich vom griechischen Wort *komaron* für den mediterran verbreiteten Erdbeerbaum ableitet. Dessen Früchte sehen so ähnlich aus wie Walderdbeeren, und auch beim Blutauge erinnern die Sammelfrüchte an eine etwas zu klein geratene und vor allem völlig trockene Erdbeerfrucht.

BLUTStröpfchen – gleich zweimal verniedlicht

Blutströpfchen oder Widderchen wird die Schmetterlings-Familie der Zyaenidae genannt. Das verniedlichende -chen spielt dabei auf die Größe, eher Kleinheit, dieser hübschen, fast ausschließlich am Tag fliegenden „Nachtfalter" an, von denen in Deutschland etwa 30 Arten vorkommen. Widderchen heißen sie wegen ihrer meist zur Spitze verdickten und leicht nach außen gebogenen Fühler, die an ein Widdergehörn erinnern. Ihr Name Blutströpfchen rührt daher, da die meisten Arten leuchtend rote Flecken auf den schmalen schwarzglänzenden Vorderflügeln tragen, wobei einige auch einheitlich grün gefärbt sein können (Grünwidderchen). Widderchen besuchen gerne Skabiosen, Disteln, Klee- und Dost-Arten. Dort kann man sie manchmal in ganzen Gruppen und aus nächster Nähe beobachten (und fotografieren). Blutströpfchen zeigen nämlich keinerlei Scheu. Sie verlassen sich ganz auf ihre schwarz-rote Warnfärbung, die allen potenziellen Fressfeinden sofort ihre Ungenießbarkeit signalisiert. Viele unserer Blutströpfchen/Widderchen tragen übrigens die Namen der Futterpflanzen, die ihre Raupen bevorzugt fressen – vom Klee- bis zum Thymian-Widderchen.

Zwischen Baum und Borke: BUCHdrucker

Die Förster sehen sie überhaupt nicht gerne und sprechen gar von Kalamitäten, wenn sie in hellen (oder besser dunklen) Scharen anrücken: Die meist braunen bis schwarzen Borkenkäfer raspeln ihnen zusehends die Bäume weg. In Mitteleuropa sind Borkenkäfer mit knapp 100 Arten vertreten. Viele besitzen am Ende der Flügeldecken eine pfannenartige Mulde, auf der sie das Bohrmehl aus den Fraßgängen schaffen. Käfer und Larven leben entweder in der Bastschicht zwischen Rinde

und Splintholz (Rindenbrüter = Splintkäfer, braunes Bohrmehl) oder im Holzkörper der Bäume (Holzbrüter, helles Bohrmehl). Deswegen sind sie gefürchtete Forstschädlinge.
Bei den in Einehe lebenden Rindenbrütern (beispielsweise Sechszähniger Fichtenborkenkäfer und Krummzähniger Tannenborkenkäfer) frisst das Weibchen einen Muttergang in das Baumgewebe, an dessen Seiten es die Eier in Nischen ablegt. Bei Arten mit Vielweiberei (Kleiner Tannenborkenkäfer, Großer Kiefernborkenkäfer) fertigt das Männchen zuerst eine Rammelkammer für die Begattung, und von dort aus bohren die Weibchen ihre Brutgänge ins Holz. Jede Larve frisst sich nun mit einem fast waagerecht abzweigenden und allmählich verbreiterten Gang durch ihren Lebensraum. Da diese Fraßgänge wie die Druckzeilen einer Buchseite angeordnet sind, nennt man den Fichtenborkenkäfer auch Buchdrucker. Sein wissenschaftlicher Namen *Ips typographus* = Typograph oder Schriftsetzer greift diesen Sachverhalt ebenfalls auf. Das grafische Werk der Käferlarven tritt auch in anderen seltsamen Käfernamen dieser Verwandtschaftsgruppe auf. Beispiele sind Städteschreiber, Waldgärtner und Kupferstecher.

BÜCHERskorpion – Jäger im Blätterwald

Wer gerne in alten Büchern blättert, stößt manchmal darin auf ein ganz außergewöhnliches, kleines Wesen, den Bücherskorpion (*Chelifer cancroides*). Wenn die Bücher oder Papierstapel feucht gelegen haben, ist dieses Erlebnis der besonderen Art am wahrscheinlichsten. Zu den Afterskorpionen zählend, hält die Ähnlichkeit des Bücherskorpions mit den echten Skorpionen allerdings nur einer oberflächlichen Betrachtung stand. Klein und flachgedrückt, nur wenige Millimeter „groß", bewegt sich der „Skorpion im Blätterwald" auf den dritten und vierten

Gliedmaßenpaaren als Laufbeine vorwärts so geschickt wie rückwärts. Der längsovale Hinterkörper ist hinten zugerundet. Ihm fehlt der skorpiontypische Schwanz mit Giftstachel. Das Auffälligste an unserem Bücherskorpion sind zwei gewaltige Scheren, die von den beiden äußersten Gliedern seines Unterkiefers gebildet werden. Dieses Scherenpaar setzen Bücherskorpione keineswegs nur zum Fühlen ein. In ihrem Mikrokosmos sind sie mächtige Räuber, die jede erreichbare Beute jagen. Und das sind in der Welt zwischen Buchdeckeln Milben, Springschwänze, Staub- und Bücherläuse. Mit den Giftdrüsen in den Spitzen ihrer Scherenklauen wird selbst größere Beute blitzschnell getötet. Wenn uns über die Seiten alter Folianten einer dieser Miniräuber entgegenhuscht, besteht trotz seiner Giftigkeit kein Grund zur Besorgnis. Schließlich ist der Bücherskorpion viel zu winzig, um die Haut von uns Riesen für eine Giftattacke durchbeißen zu können.

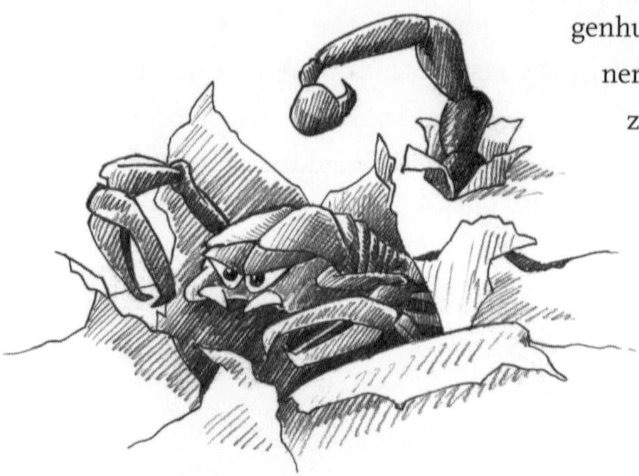

BUNTROCK – zwar hübsch gefärbt, aber manchmal stinkend Er, besser sie, ist hübsch anzuschauen. Der Buntrock *(Cyphostethus tristriatus)* ist nämlich kein Kleidungsstück, sondern eine bunt gerockte, will heißen hübsch gefärbte Wanze. Die einzige Art ihrer Gattung ähnelt in ihrer grünen Färbung und den zwei roten Binden der Stachelwanze, ist aber deutlich kleiner und vor allem viel glänzender und kräftiger gefärbt als diese. Eben ganz Buntrock! Sie zählt zu den „friedlichen“, Pflanzensaft saugenden Wanzen, steht auf Wacholder (in Blattform) und saugt dort an seinen Beerenzapfen. Eine Eigenschaft ist für Buntrock und Co. lebensrettend, für uns dagegen eher unangenehm. So schön die meisten Wanzen anzusehen sind, so unangenehm riechende Sekrete können sie aus ihren Duftdrüsen abgeben, die zudem äußerst wirksame Kontaktgifte sind. Was für uns aber nur übel riecht, wirkt auf angreifende Ameisen innerhalb weniger Minuten paralysierend. Zumindest für die gilt: „Finger weg von Buntröcken!“

Geschlechtsumwandlung unter dem CHINESENhut

Zumindest früher verkleidete man sich an Fasching gerne als Chinese. Wobei neben angemaltem Chinesenbart und Schlitzaugen der kreisförmige, in der Mitte spitz zulaufende Basthut das wichtigste Requisit war. Solcherart Gehäuse bildet der zu den Hutschnecken zählende Chinesenhut *(Calyptraea chinensis)*. Kreisrund, niedrig, kegelig, mit einer Spitze fast in der Mitte, erinnert das knapp drei Zentimeter kleine Hutschnecken-Gehäuse frappierend an die traditionelle chinesische Kopfbedeckung. Wie die Ungarnkappe sitzen auch die Chinesenhüte gerne auf Muschelklappen oder saugen sich an anderen Hartkörpern fest. Der Atlantik, das Mittelmeer und die Nordsee sind ihre Heimat. Unter dem „Hut“ tut sich im Verlaufe des Schneckenlebens Bemerkenswertes. Denn *C. chinensis* ist sowohl Mann wie Frau. Zuerst produziert der Chinesenhut männliche Geschlechtszellen, setzt sich dann fest und wird nach einem Übergangsstadium zum eierlegenden Weibchen. Weil dem Chinesenhut ein Deckel fehlt, hat sie auf der Innenseite ihres Gehäuses eine Scheidewand ausgebildet, die den Eingeweidesack stützt und schützt.

Ein DICKFUSS auf nächtlicher Pirsch

Er ist schon etwas ganz Besonderes in unserer europäischen Vogelfauna. Der etwa taubengroße, sandfarbene Triel ist tagsüber wenig aktiv. Bei Gefahr drückt er sich auf den Boden, bewegt sich langsam in geduckter Haltung oder läuft unter Ausnutzung der meist spärlichen Deckung rasch weg. Erst beim Auffliegen nach kurzem Anlauf werden die schwarz-weißen Flügelmarken im Trielgefieder sichtbar. Als Einziger von neun Arten aus der Triel-Familie hat sich unser Triel aus den Tropen und Subtropen so weit nach Norden vorgewagt und ist folgerichtig einziger Zugvogel seiner Sippe. Richtig aktiv werden Triele erst in der Dämmerung, wenn sie auf Pirsch nach bodenbewohnenden Wirbellosen und kleinen Wirbeltieren bis Maus- und Reptiliengröße gehen. *Burhinus oedicnemus* heißt der Triel mit wissenschaftlichem Namen, wobei es für den Gattungsnamen zwei Erklärungen gibt. Vielleicht wollte man mit „Rindernase“ (*bus* = Rind und *rhinos* = Nase) sein ochsenähnliches Aussehen ansprechen, das durch den dicken, kurzen Schnabel und die großen, gelben Nachtaugen zustande kommt. Vielleicht ist damit auch die „Rinderhaut“ (*rhinos/torhinon* = Fell/Rinderhaut) an den fleischigen Beinen des Vogels gemeint. Sein Artname *oedicnemus* = Dickfuß (von *oideo* = schwellen und *kneme* = Wade) stimmt allemal. Seine kräftigen Beine mit den deutlich verdickten Laufgelenken sind ein gutes Erkennungsmerkmal des europäischen Triels.

DOMPFAFF: mit Kopfbedeckung an Geistlichkeit erinnernd

Seine schwarze Kappe, und vielleicht auch die völlige Figur, war Anlass, den Gimpel aus der Familie der Finkenvögel „Dompfaff“ zu taufen. Wobei auch die leuchtend rote Unterseite der Dompfaff-

Männchen, die sie schön zum aschgrauen Mantel kontrastiert, an die roten Talare der Domprälaten erinnert. Letztere zeichneten sich nicht selten durch eine korpulente Gestalt aus. Zumindest gutes Essen und Trinken war den kirchlichen Würdenträgern – im Gegensatz zu anderen weltlichen Genüssen – außerhalb der Fastenzeit schließlich nicht verboten. Die gefiederten Dompfaffen bevorzugen übrigens Samen, Früchte und Knospen. Wegen letzteren gab man ihnen den Namen Bollenbisser (Knospenbeißer) oder Bollenbicker (Knospenpicker). Der Züricher Naturforscher Conrad Gesner nannte den Dompfaff im 16. Jahrhundert deshalb auch Brommeiß (Knospenmeise). Der Name Gimpel nimmt Bezug auf ihre ungeschickt wirkenden, hüpfenden Bewegungen (gumpen = hüpfen), wenn sich Dompfaffe einmal am Boden umtun. Ihr wissenschaftlicher Name *Pyrrula pyrrula* kommt aus dem Griechischen und bedeutet „feuerrot“ *(pyrros)*. Womit sich fast alle Namensgebungen, außer den „Fressnamen“, auf die Männchen zentrieren. Die sind aber auch einfach auffälliger in ihren roten „Talaren“ als die unterseits beigen Weibchen. „Das Weiblein wird zu Teutsch absonderlich Quetsch wegen seiner Stimm genennet“, weiß Conrad Gesner noch zu berichten – ein nicht gerade schmeichelhafter Name. Jungen Dompfaffen fehlt die Domprälaten-Tracht noch völlig. Sie kommen weibchenfarben und ohne schwarze Kappe daher „gehumpt“.

DOPPELschwanz – ein Kopf und zwei Enden

Manche reden mit gespaltener Zunge. Und Schlangen riechen sogar mit ihrer Doppelzunge, wenn sie „züngeln" und die beiden duftbeladenen Zungenspitzen anschließend in ein besonderes Organ im Gaumendach stecken. Aber Doppelschwänze? Diesen Namen verwenden die Zoologen für eine kleine Gruppe flügelloser Urinsekten, die in Mitteleuropa nur mit etwa einem Dutzend Arten vertreten ist. Alle heimischen Doppelschwänze sind höchstens zwei Millimeter lange Bodentiere. Am elften Körpersegment tragen sie zwei fadenförmig lange oder zangenförmig kurze Anhänge, die ihnen den Namen geben.

Echt elefantös – ELEFANTENspitzmaus

Sie erinnern ein wenig an Karikaturen aus einem Trickfilm, die Elefantenspitzmäuse. Ihr „hervorragendes Merkmal" ist die lange und sehr bewegliche, an einen Elefantenrüssel erinnernde Nase. Elefantenspitzmäuse (Gattung *Elephantulus*) zählen keineswegs zur Ordnung der Insektenfresser, denen die Spitzmäuse als Familie angehören. Mit drei weiteren Gattungen bilden Elefantenspitzmäuse vielmehr die Ordnung der Rüsselspringer (Macroscelidea), einer stammesgeschichtlich sehr alten, auf Afrika beschränkten Säugetiergruppe. Dank moderner molekularer Technologien lassen sich heute Verwandtschaftsverhältnisse von Arten nachweisen, die kaum noch Ähnlichkeiten in ihrem Körperbau aufweisen. So wird auf Grund

molekulargenetischer Erkenntnisse neuerdings die Bildung einer Überordnung der Afrotheria (afrikanische Säugetiere) vorgeschlagen, in der sich Seekühe, Erdferkel, Goldmulle, Tanreks zusammen mit Elefanten und Rüsselspringern als Verwandte wiederfinden. Damit stehen die Elefantenspitzmäuse den Elefanten verwandtschaftlich tatsächlich näher als den kleinen Spitzmäusen.

ELEFANTENzahn – grabend am Meeresboden unterwegs

Kahnfüßer, Scaphopada, heißt eine kleine Weichtierklasse mit etwa nur 350 Arten. Sie fallen durch ihre einzigartige Gehäuseform auf. Kahnfüßer-Gehäuse sind vorne und hinten offene, an einer Seite sich stark verjüngende Röhren, die in ihrer gebogenen Form den Stoßzähnen von Elefanten gleichen. Allerdings sind diese Elefantenzähne bei Längen zwischen 2,5 und zwölf Zentimeter „Stoßzähne in Miniaturformat“. Die Gehäuseoberfläche der Kahnfüßer ist meist weiß, glatt oder längs gerippt. Ihre Innenseite wird von einem Mantel ausgekleidet, der bauchseits eine röhrenförmige Mantelhöhle freilässt. Diese kann durch Längsmuskeln verengt werden. Durch schlagende Wimpern strömt stetig Wasser durch die Mantelröhre. Ein fingerförmiger Fuß, der aus dem Gehäuse am dicken Ende herausragt, dient zum Graben in den obersten Sandschichten. Über dem Fuß liegt im Gehäuse ein zu einem Mundrohr reduzierter Kopfteil, an dessen Basis Fangfäden sitzen. Mit diesen dünnen, am Ende verdickten Fortsätzen, fängt der Elefantenzahn kleine Beutetiere aus dem umgegrabenen Sandlückensystem des Bodens. Klebt eine Beute fest, werden die ausgestreckten Fangfäden schnell zurückgezogen und zur Mundöffnung geführt. Kammerlinge (Foraminiferen) sind die Spezialnahrung der Kammfüßer. Wo mehrere leere Elefantenzahn-Gehäuse am Meeresboden liegen, könnte man als Taucher schon mal an einen Elefantenfriedhof im Miniaturformat erinnert werden.

Wenn ENGELsflügel bohren können

Wegen ihrer Formen und Farben sind Muschelschalen beliebtes Sammelgut in jedem Urlaub am Meer. Wegen ihrer besonderen Ästhetik erhielten viele von ihnen blumige Namen. So ist auch mit dem Engelsflügel hier nicht etwa der Fortbewegungsapparat von Himmlischen, sondern eine Muschel gemeint. Die Schalenhälften ihres hellen, dünnen Gehäuses haben tatsächlich eine gewisse Ähnlichkeit mit Engelsflügeln. Wie die echten Bohrmuscheln, bohrt sich auch *Petricola lithophaga* mit ihrem oval-langgestreckten Gehäuse in weiches Gestein, in derbwandige Schalen anderer Muscheln und sogar in das Holz von Hafenbauten. Dort kann der Steinbohrende Engelsflügel, wie er vollständig heißt, beträchtlichen Schaden anrichten. Engelsflügel hin oder her: Dabei erwischt, ist er sicher schon kräftig verflucht worden.

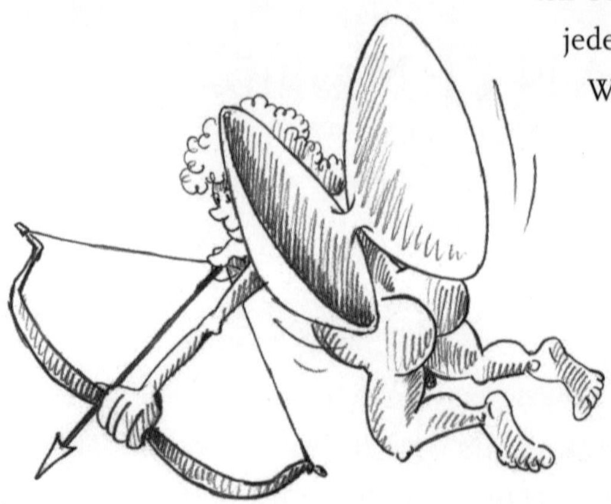

ENGELwurz: Himmlischer Beistand Bevor die Pharmaindustrie für alle möglichen Maläsen irgendeine chemische Designerdroge anbieten konnte, müssen manche Heilpflanzen den Menschen früherer Jahrhunderte geradezu als Geschenk des Himmels vorgekommen sein – und wurden entsprechend benannt. Die überaus heilkräftige Engelwurz hat man in der himmlischen Hierarchie sogar in einen höheren Rang befördert und *Angelica archangelica* (lat. *angelus* = Engel, *archangelus* = Erzengel) genannt. Ihre knollig verdickten Wurzelstöcke enthalten vielerlei Aroma- und Bitterstoffe, die man bei Beschwerden der Verdauungsorgane verwendet. Sie sind Bestandteil von Magenbittern, Kräuterschnäpsen und fast allen Klosterlikören. Den antiken Autoren wie Theophrast und Galenos war diese segensreiche Pflanze übrigens unbekannt, denn sie kommt im mediterranen Süden gar nicht vor.

ERPELschwanz als weibliches Lockmittel Ein unverwechselbares Erkennungsmerkmal der Stockentenerpel im Prachtkleid sind vier schwarze, ringelförmig aufwärts gebogene Steuerfedern am sonst weißen Schwanz unserer häufigsten Entenart. Wie viele ihrer männlichen Artverwandten, schinden die Stockentenerpel im Prachtgefieder und ihrem Balzritual mächtig Eindruck bei der Weiblichkeit. Wohl wegen einer an einen Erpelschwanz erinnernde Verhaltensweise trägt ein Nachtschmetterling ihn jetzt als Namen. Bei den etwa drei Zentimeter großen Faltern, die auf ihren rötlich grauen Flügeln mit rotbraunem Fleck an der Flügelspitze von April bis August unterwegs sind, übernehmen – gar nicht entenartig – die Weibchen die Rolle als „Lockvögel“. Dazu biegen sie im Sitzen ihren Hinterleib zwischen den aneinander gelegten Flügeln wie einen Erpelschwanz nach oben.

Ganz schön sauer: ESSIGälchen

Die etwas anderen Lebensräume, die sich mit ihren ökologischen Profildaten von Gartenteich, Gemüsebeet oder Getreideacker erheblich unterscheiden, findet man nicht nur in der entlegenen Antarktis. Mitunter sind sie buchstäblich fast zum Greifen nahe: Die Karaffe mit Balsamicoessig im schicken Nobelrestaurant ist beispielsweise ein solcher Extrembiotop. Darin könnte sich eine größere Schar Essigälchen *(Turbatrix aceti)* tummeln. Die etwa zwei Millimeter langen Tiere, schlank und spitz wie große Aale, gehören zu den Fadenwürmern (Nematoden) und ertragen enorme Säurekonzentrationen bis pH 2. Mit Basen um pH 9 kann man sie aber auch nicht besonders beeindrucken. Diese Winzlinge sind überhaupt nicht gefährlich, aber man empfand sie offenbar als unliebsam: Ihr wissenschaftlicher Name *Turbatrix aceti* bedeutet nämlich „Störerin des Essigs“.

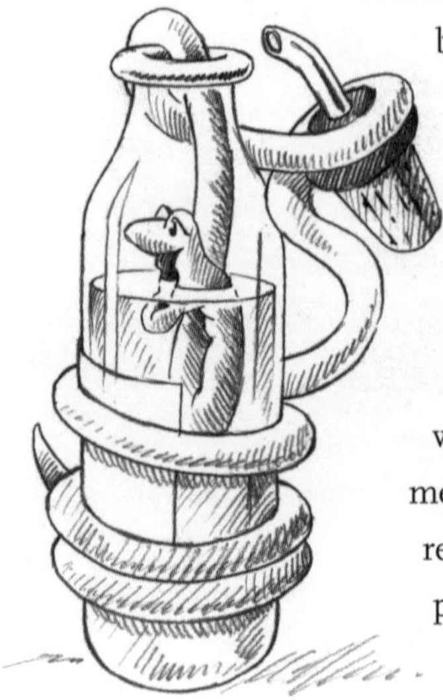

Ein naher Verwandter, das Kleisterälchen *(Panagrellus redivivus)*, ist nicht weniger kurios. Es bevölkert gerne die Tapeten feuchter Wohnungen und kommt fallweise sogar in Bierdeckeln vor.

Eine FETThenne – und dennoch nicht als Wasser

Dick und rund – so stellt man sich üblicherweise ein Huhn vor, das für den Suppentopf herangereift ist. Die Merkmale dick und rund kennzeichnen aber auch die Gestalt mancher Blätter, vor allem wenn sie tatsächlich wurstförmig aussehen. Ein solches Blattdesign weisen die meisten

der heimischen Fetthennen-Arten (Gattung *Sedum*) auf. Ähnlich wie sich eine fette, aufgeplusterte Henne der Kugelgestalt annähert, zeichnen sich die dicken Blätter der *Sedum*-Arten durch ein bemerkenswert günstiges Zahlenverhältnis zwischen Volumen und Oberfläche aus. Sie besitzen damit einen relativ großen Stauraum für Wasser bei verhältnismäßig kleiner Oberfläche, über die das mühsam eingespeicherte Wasser durch Verdunstung verloren geht. Diese Erscheinung nennt man Sukkulenz (von lat. *succus* = Saft). Blattsukkulenz ist eine bemerkenswerte Anpassung an trocken-heiße Standorte. Die heimischen Fetthennen-Arten sind daher in sonnenexponierten Mauerritzen oder Felsfluren besonders konkurrenzstark, wo andere Pflanzenarten nach kurzer Zeit staubtrocken zerbröseln würden.

Wahrer Glanz kommt von innen: FRIESENknöpfe

Kunstvolle Perlmuttknöpfe aus den Schalen von Muscheln oder Schnecken dienten früher an Herrenhemden und erst recht an Damenblusen als zuverlässige Verschlusssachen. Erst der heutige Plastikramsch hat den Naturstoff aus dieser Aufgabe entlassen. Perlmutt oder Perlmutter ist die innerste Schalenschicht von Schnecken und Muscheln. Die Aschgraue Kreiselschnecke *(Gibbula cineraria)* kommt in der Gezeitenzone auch an der Nordsee vor. Häufig findet man ihre Gehäuse

im Angespül, wo sich ihr hübsches graurotes Streifenmuster durch Reibereien mit den Sandkörnern rasch abschleift und die darunter liegende Perlmuttschicht durchscheinen lässt. Da sie die richtige Größe haben und außerdem kreisrund sind, ließen sie sich gut zu Knöpfen verarbeiten.

FEUERwalzen – schwimmende Leuchtstoffröhren

Man könnte glatt an ein katastrophales Schadensereignis denken: Eine Wand lodernder Flammen überrollt Gebüsche oder Gebäude und zieht eine Spur aus Asche und Rauch hinter sich her – so fast regelmäßig zu erleben in den Trockenwaldgebieten Australiens. Die echten Feuerwalzen sind jedoch völlig harmlos, zumal sie auch noch im Meerwasser schwimmen. Man bezeichnet damit höchst seltsame Meerestiere, die man sich als eine Art driftender Fichtenzapfen von etwa einem Meter Länge vorstellen muss. Dieses Gebilde ist eine Kolonie von etlichen hundert Einzeltieren, die sich vom Einstrudeln winziger Partikeln ernähren. Die häufigste Art in Nordatlantik und Mittelmeer ist *Pyrosoma atlanticum* – wörtlich der Atlantische Feuerkörper. Jedes tonnenförmige Einzeltier besitzt ein paariges Leuchtorgan, in dem symbiontische Leuchtbakterien leben. Diese senden auf Kommando und aus bisher unerklärlichen Gründen ein intensives grünblaues Licht aus – das namensgebende Merkmal der gesamten Tiergruppe. Normalerweise stellt man sich unter einem Feuer etwas gelbrot Loderndes vor. In diesem Fall hat die Seefahrtsprache nachgeholfen: Für den Seemann heißt ein jedes Signal am oder auf dem Wasser (Leucht)Feuer. Wenn die Feuerwalzen schwarmweise auftreten, reicht ihr Licht nach alten Berichten sogar aus, um nachts die Segel der Schiffe zu erhellen.

Schieberei im Untergrund: Der Fall FICHTENspargel

Der Waldboden ist ein zwielichtiger Lebensraum, denn das dichte Blätterdach lässt die Basis in mystischem Halbdunkel versinken. Im Tiefschatten der Bodenregion wachsen aber dennoch einige Pflanzen – richtig finstere Gestalten mit betont dunkelgrünen Blättern. Neben den Schwarzgrünen zeigen sich hier und da auch gespenstisch weißliche Gewächse, die offenbar nicht einmal Spuren von Blattgrün enthalten – wie der seltsame Fichtenspargel. Mit seinem bleichen Stängel und mickrigen Blattansätzen erinnert er eher an Keimsprosse von Kartoffeln, die sich aus der schummerigen Kellerecke dem wenigen Licht entgegenrecken. Und schummerig geht es an seinem Standort durchaus zu – der Fichtenspargel wächst unter anderem auch gerne in Fichtenbeständen. Da Pflanzen nur dann von Licht und Luft leben können, wenn sie gleichzeitig grün sind, ist auch klar, dass die blattgrünfreien Varianten auf Fremdhilfe angewiesen sind, um stofflich über die Runden zu kommen. Nun sitzen die bleichen Blütenpflanzen im Waldbodenmoder und damit gleichsam in natürlichem Kompost. Allerdings können sie dieses üppige Stoffangebot nicht selbst aufschließen. Dazu benötigen sie die Pilze, um die Abfallstoffe aus der Bodenstreu zu knacken und aufzunehmen. Insofern bietet sich der Kurzschluss zwischen Pilzmyzel und Pflanzenwurzel an. Tatsächlich geht der Fichtenspargel innige Verflechtungen mit Bodenpilzen ein. Über direkte Zellkontakte fließen Stoffe aus dem Myzel in seine Wurzel.

FLACHstrecker findet man nicht in Fitness-Studios

Hier sind weder Übungen noch Geräte aus Fitness-Studios gemeint. Flachstrecker *(Philodromus)* im zoologischen Sinn sind eine Gattung aus der Familie der Laufspinnen Philodromidae. Ein sehr abgeflachter Körper mit einem wenig längeren als breiten Hinterkörper sowie lange, waagrecht ausgebreitete Laufbeine sind die Erkennungsmerkmale der Flachstrecker, Wälder und Gebüsch ihre bevorzugten Lebensräume. In Färbung und Zeichnung verschwimmen viele Arten mit ihrem Substrat, auf dem sie leben; etwa mit Baumstämmen und Zweigen, oder, wie bei dem auf Sanddünen am Meer lebendem *Philodromus fallax*, mit dem Sand. Flachstrecker sind keine Lauerjäger, sondern pirschen wolfsspinnenartig ihre Beute an, um sie dann jagend zu überwältigen. Flachstrecker-Weibchen bewachen den ebenfalls flach und fest an der Unterseite von Stämmen und Zweigen gesponnenen Eikokon. Das Überwintern macht den subadulten Flachstreckern keine Probleme. Bei ihrer Flachheit findet sich leicht eine passende Ritze.

FRAUENmantel – in traditionellem Design

Als Heinrich Hoffmann 1845 den Struwwelpeter illustrierte und Konrads Frau Mama mit einem zeitgemäß gestylten Umhang ausstattete, hätten die Blätter des Frauenmantels *(Alchemilla vulgaris)* ein bestens geeignetes Schnittmuster geliefert. Angesichts der aktuelleren Linienführung in der Damengarderobe wäre diese Designvorlage für einen Wintermantel eher weniger gefragt. Dabei ist die Blattform ausgesprochen hübsch: Der Umriss ist ein Dreiviertelkreis, der Blattrand läuft in fünf bis elf gezähnte Zipfel aus, und vom Blattstielansatz strahlen fingerartig kräftige Hauptnerven aus. So formschön die Blätter sind, so unscheinbar fallen die Blüten aus: Sie schmücken sich nur mit grüngelben Kelchblättern. Insekten fliegen sie dennoch in Scharen an. Ihr Pollentransport ist dennoch vergebens, denn beim Frauenmantel entwickeln sich die Samen ausnahmsweise ohne Befruchtungsereignis. Im wissenschaftlichen Gattungsnamen *Alchemilla* klingt übrigens die Erinnerung an die mittelalterlichen Alchemisten an. Diese schrieben den Wassertropfen, die das Frauenmantelblatt zwischen seinen Blattzähnen ausscheiden kann, ganz besondere Heilkräfte zu.

FRAUENschuh, Damensocke oder Männerpantoffel?

In der Hitparade der schönsten heimischen Blütenpflanzen landet der Frauenschuh mit Sicherheit auf einem der vordersten Ränge: Selbst für eine Orchidee ist seine Blüte sehr ungewöhnlich aufgebaut: Die stark gewölbte, glänzend gelbe Unterlippe ist eigentlich das obere, innere Blütenblatt. Erst kurz vor dem Aufblühen dreht sich die Blütenachse um 180 Grad und rückt den Blickfang der Blüte damit in die rechte Position. Die dicke Lippe ist nun zweifellos eine auffällige Konstruktion, aber ein Damenschuh? Eher erinnert sie in ihren klobigen Formen an einen rustikalen Filzpantoffel. Dennoch hat man die Pflanze im Spätmittelalter „zu Ehren unserer lieben Frau" *Calceolus marianus* genannt (= Marienschuh, von lat. *calceolus* = kleiner Schuh). Carl von Linné hat nun bei seiner Namengebung solche Marienwidmungen gerne in Zutaten der Venus umgedeutet, und so heißt der Frauenschuh seit 1753 *Cypripedium calceolus*, wobei das Zitat in diesem Fall nur indirekt umgemünzt wurde: Cyprus = Zypern ist das Zentrum des antiken Venuskultes. Der zweite Namensbestandteil *pedium* lässt sich übrigens am besten mit Socken übersetzen, und damit wäre auch die Form dieses Blütenteils besser beschrieben.

FROSCHbiss – richtig gesehen, aber falsch gedeutet

See- und Teichrosen sind die Zierde jedes Stillgewässers. Obwohl sie im Wasser zu Hause sind, setzen sie ihre wichtigsten Organe an die Luft: Die Blätter schwimmen auf der Wasseroberfläche, und die Blüten ragen sogar noch ein Stück höher aus dem Wasser heraus. Der Froschbiss *(Hydrocharis morsus-ranae)* sieht fast so aus wie die verkleinerte Version einer Weißen Seerose, wobei er allerdings nicht im Gewässergrund wurzelt, sondern nach Bojenmanier frei im Wasser schwimmt. Die rosettig angeordneten Schwimmblätter besorgen den nötigen Auftrieb, denn sie sind innen gekammert wie eine Luftmatratze. Solche schwimmenden Inseln sind für fliegende Insekten eine einladende Bleibe, und tatsächlich lassen sie sich hier gerne für eine kurze Ruhepause nieder. Das entgeht den Wasserfröschen natürlich nicht: Sie schnappen nach den Blattbesuchern und machen so recht gute Beute. Diesen Sachverhalt hat man schon früher wahrgenommen, aber die falschen Schlüsse daraus gezogen: So glaubte man, der eingekerbte Rand der Schwimmblätter sei von Fröschen ausgebissen worden. Carl von Linné hat diese Fehleinschätzung im Artnamen (lat. *morsus* = Biss, *rana* = Frosch) zementiert.

Buschiges Stimmungsbarometer: FUCHSschwanz

Die verlängerten Hinterteile der heimischen Säugetiere fordern offenbar in besonderem Maße den Vergleich mit Pflanzenteilen heraus. Der prächtig buschige Schwanz eines Rotfuchses ist sogar ein besonderes Schmuckstück. In der Jägersprache bezeichnenderweise Standarte genannt, ist er als Antennendekoration auch bei Autofahrern spezieller Typ- und IQ-Klassen beliebt. Das pflanzliche Pendant zum Schwanz des Fuchses ist der erstaunlich formähnliche Blütenstand des Fuchsschwanzes *(Alopecurus pratensis)*, eines häufigen und wichtigen Futtergrases in Mähwiesen. Neben dieser charakteristischen Wiesenpflanze kommen in Mitteleuropa noch weitere Arten der Gattung *Alopecurus* (von griech. *alopex* = Fuchs und *oura* = Schwanz) vor. Unter den Wiesengräsern gibt es auch ein "Hundsschwanzgras" (Gattung *Cynosurus*, von griech. *kyon* = Hund), das aber in den Pflanzenbüchern unter dem deutschen Namen Kammgras verzeichnet ist. Ferner sind bei den Namen heimischer Blütenpflanzen auch weitere Tierschwänze verewigt, darunter beispielsweise der Löwenschwanz (*Leonurus*, auch Herzgespann genannt) oder der Pferdeschwanz (*Hippuris*, meist Tannenwedel genannt).

Der GÄNSEsäger zersägt keine Gänse

Wer kennt und schätzt sie nicht, die Grillhähnchen, -enten, gelegentlich auch -gänse, die in den mobilen Hähnchenbratereien vom Verkäufer mit einem elektrischen Messer in die gewünschten Portionen zerteilt werden. Dieser Hähnchenbrater und -zerteiler ist mit dem Begriff „Gänsesäger“ nicht gemeint. Der Gänsesäger ist vielmehr ein Vertreter aus der großen Entenfamilie, dessen Besonderheit fein gesägte Schnabelkanten sowie ein scharfer Haken an der Schnabelspitze sind. Während die meisten

Enten-Arten Pflanzenteile, Insektenlarven, Muscheln oder Kleinkrebse verzehren, ist unser Gänsesäger und seine beiden europäischen Verwandten Mittel- und Zwergsäger mit einem Schnabel wie eine Säge bestens für den Fischfang gerüstet. Einzeln oder in Gruppen umherschwimmend, spähen Gänsesäger mit eingetauchtem Kopf nach bis zu zehn Zentimeter großen Fischen, die sie dann tauchend erjagen. Daher auch der passende wissenschaftliche Name *Mergus merganser*, der so viel wie tauchende Gans (*mergo* = tauchen, *anser* = Gans) bedeutet. Der von seiner Größe zwischen dem brandgansgroßen Gänsesäger und dem kleinen Zwergsäger stehende Mittelsäger *(Mergus serrator)*, trägt den Säger im Namen (*serra* = Säge, *serrator* = Säger). Aus der Reihe jagt dagegen der Zwergsäger zumindest während der Brutzeit. Wasserinsekten, Kleinkrebse, Muscheln und andere Wirbellose sind dann Hauptbeute des Minisägers. Erst im Winterhalbjahr geraten mehr Fische zwischen den Sägeschnabel von *Mergus albellus*, der beim Tauchen die Flügel in den Flügeltaschen belässt.

GÄNSEsterbe – schon wieder eine Epidemie?

Zur Freude der Naturstoffchemiker enthalten die verschiedenen Blütenpflanzen eine geradezu unglaublich vielfältige Palette von Inhaltsstoffen. Das erklärt unter anderem, warum manche Pflanzen riechen wie frisch gemähter Rasen, andere extrem bitter schmecken oder mit Scharfstoffen Tränen in die Augen treiben. Nicht wenige dieser Pflanzenstoffe sind sogar ungesund bis tödlich giftig. Was sich darin abzeichnet, ist eine Art chemischer Kriegsführung: Pflanzen setzen sich mit wirksamen Mitteln zur Wehr, um nicht wahllos weggefressen zu werden. So enthält der Bleiche Schotendotter *(Erysimum crepidifolium)* in allen Teilen und besonders in den Samen herzwirksame Gifte (= Cardenolide) – eine für die Kreuzblütengewächse äußerst ungewöhnliche Wirkstoffgruppe. Die Cardenolide sind immerhin so wirksam, dass tödliche Tiervergiftungen möglich sind. Diese Giftwirkung ist schon lange bekannt, was der weitere Artname Gänsesterbe belegt. Eigenartigerweise wächst die Pflanze auf besonnten Felsfluren und damit an Stellen, wo weder Haus- noch Wildgänse weiden. Die beklagenswerten Unglücksfälle beim Federvieh sind daher durch Futtermittelverunreinigungen zu erklären.

GAUKLER als Wasser- und Luftartisten

Wer Seitenrollen, Purzelbaumschlagen, Hin- und Herschaukeln im Wasser und in der Luft meisterhaft wie ein Zirkusartist beherrscht, trägt zu Recht den Namen „Gaukler“. In unserer heimischen Fauna ist ein Käfer aus der Familie der Schwimmkäfer ein solcher Gaukler. Mit seinem flachen Körper und den sehr breiten Ruderbeinen ist *Cybister lateralimarginalis* dem weitaus bekannteren und größten unter den Schwimmkäfern, dem Gelbrand, schwimmtechnisch deutlich überlegen. Wie alle Arten der Sippe, die Jagd auf die Larven anderer Wasserinsekten, auf Kaulquappen oder Wasserschnecken machen, sind die Fußglieder an den Hinterbeinen des Gauklers mit langen Schwimmborsten ausgestattet. Diese legen sich bei der Vorwärtsbewegung der Beine an, während sie sich in der synchronen Rückwärtsbewegung abspreizen und so ihre Ruderwirkung voll entfalten.

Eine zweite Tierart schlägt am Himmel über den afrikanischen Trocken- und Buschsavannen ihre Kapriolen. Dieser Gaukler ist ein mittelgroßer, überwiegend schwarz gefärbter Adler mit rotem Gesicht und roten Füßen sowie einem so auffällig kurzen Schwanz, dass man ihm den Namen *Theralopius ecaudatus* (= ohne Schwanz/schwanzlos) gab. „Bateleur“ wird er auf französisch genannt, was nichts anderes als Gaukler heißt und auf seine artistischen Flugmanöver anspielt. Gaukler können nicht nur mit hoher Geschwindigkeit segeln, dabei ständig Hin- und Herschaukeln oder Purzelbäume drehen. Sie schlagen in der Luft sogar die Flügel zusammen und erzeugen so klatschende Geräusche. Im Flug lassen sich Gaukler leicht von allen anderen Greifen am afrikanischen Himmel an den langen, spitzen Flügeln, dem scheinbar fehlenden Schwanz und dem ständigen Abtaumeln unterscheiden.

GLASschmalz – wertvoller Werkstoff aus dem Watt

Zunächst einmal weg von Glasperlen und auch kein Gedanke an Schmalzbrot, sondern ein Blick ins Watt: Normalerweise ist Meersalz für Landpflanzen äußerst giftig. Die Salzpflanzen des Watts werden damit aber recht gut fertig und lagern es sogar mengenweise in ihre Organe ein. Auch der kakteenähnliche Queller *(Salicornia europaea)* ist erstaunlich salzfest – immerhin beschert ihm die Nordsee jährlich rund 500 bis 700 Überflutungen. Früher erntete man die einjährig wachsenden Pflanzen oder andere Arten wie die Strand-Sode *(Suaeda maritima)* im Spätsommer und verbrannte sie. In der Asche fanden sich dann unter anderem Kaliumsalze – gesuchte Rohstoffe, die man in Glashütten für die Herstellung von Glasschmelzen (= Glasschmalz) benötigte und ein netter Nebenerwerb für die Marschbauern. Von den Pötten, in denen man die Wattpflanzen veraschte, rührt übrigens der Name Pottasche für Kaliumcarbonat und das englische Wort *potassium* für das Element Kalium, während die Strand-Sode der Namengeber für das Element *sodium* = Natrium war.

GLUCKEn, die nicht beglucken

Das Bild der fürsorglichen Hühnermutter, die ihren Nachwuchs unter ihrem aufgeplusterten Gefieder schützt, ist so eindringlich, dass wir übertriebenes menschliches Bemuttern gerne als Gluckenverhalten bezeichnen. Auch eine ganze Schmetterlingsfamilie trägt in Assoziation an das Brutpflegeverhalten der Hühner den Namen Glucken. Zu dieser Falterfamilie zählen kleine, aber auch recht große, kräftig gebaute Arten mit wenig auffälliger Färbung. Weltweit kennt man 1200 Glucken-Arten, wobei von ihnen in Mitteleuropa nur 20 dieser auch Wollraupenschwärmer (Lasiocampidae) genannten Falter vorkommen. Ihre Bezeichnung „Glucken“ bezieht sich auf die

Flügelhaltung der vorwiegend nachtaktiven Falter. Wenn sie am Tage mit steil dachförmig gehaltenen Flügeln ruhen, erinnern die sitzenden Weibchen der größeren Arten tatsächlich an fürsorgliche Hühnerglucken, die mit aufgeplustertem Gefieder und gespreizten Flügeln ihre Küken schützen. Natürlich findet sich unter den Flügeln der Gluckenfalter nie ein Nachwuchs. Der ist als Raupe dicht behaart, lebt oft in Gespinstnestern mit den Geschwistern zusammen und verwandelt sich in dichten Gespinsten oder tonnenförmigen Kokons („Wollraupenspinner", wobei „Wolle" auf die Raupenbehaarung, „Spinner" auf die Gespinstbildung Bezug nimmt) zu plumpen Mumienpuppen, aus denen die fertigen Falter schlüpfen. Die Haare der Gluckenraupen sind übrigens nicht ganz ohne. Bei Berührung können ihre oft nesselnden Haare bei uns Menschen Hautentzündungen hervorrufen.

GOLDafter – bei Weibchen besonders dick

Der Goldafter *(Euproctis chrysorrhoea)* ist ein Nachtfalter aus der Familie der Trägspinner. Bis auf einzelne kleine, schwarze Punkte, die aber häufig fehlen, sind seine Flügel so reinweiß wie seine übrige Körperbehaarung. Einzige Ausnahme ist ein namensgebender goldgelber Afterbusch, der beim Falter-Weibchen dick und ausgeprägt, beim Männchen nur schwach angedeutet ist. Mit ihrem dicken, goldigen „Hintern" bedeckt das Goldafter-Weibchen sein Eigelege, aus dem später die gefräßigen Raupen schlüpfen. Ganz und gar nicht wählerisch, fressen sie an fast 30 verschiedenen Pflanzenarten, an Bäumen und Sträuchern. Ganz oben in der Beliebtheit als Futterpflanzen für die Raupen von den Müttern mit dem dicken goldenen Afterbusch stehen Rosengewächse, wobei Weiden, Birken, Buchen oder Obstbäume auch nicht gerade verschmäht werden.

GOLDauge – mit Schleierflor und Ei am Stiel

Nach ihrer Augenfarbe wird die Gemeine Florfliege *(Chrysoperla carnea)* häufig „Goldauge" genannt. Geradezu elfenhaft wirkt sie, wenn ihre hauchdünnen, durchschimmernden Flügel den schlanken, etwa ein Zentimeter großen Körper wie ein Schleierflor umhüllen. Die Florfliegen mit den großen, goldgrün schillernden Augen leben an Bäumen und Sträuchern. Dort ernähren sie sich fast ausschließlich von Blattläusen, denen sie ein giftiges Sekret einspritzen, das innerhalb von Minuten deren Inneres auflöst und von den Goldaugen als Cocktail eingesaugt wird. Florfliegen fallen uns oft erst ins Auge, wenn sie vom Licht angelockt, nächtens Lampen anfliegen oder in unseren Häusern überwintern. Im Herbst und Winter färbt sich ihr Körper rotbraun, um im Frühling, wie passend, wieder zu „ergrünen". Dann verlassen die Goldaugen-Weibchen ihre Winterquartiere und legen ihre Eier an Blättern und Stängeln ab. Dabei klebt das Weibchen zunächst einen Sekrettropfen auf die Unterlage, zieht ihn dann durch Heben des Hinterleibs zu einem Faden aus und befestigt je ein Ei auf den erhärteten Sekretfaden. Die aus den Eiern am Stiel geschlüpften Florfliegen-Larven fallen sofort mit wahrem Löwenhunger über Blatt-, Schildläuse oder Milbeneier her. Deswegen heißen die jungen Goldaugen zu Recht „Blattlauslöwen".

GOLDENE Acht – ein Gelbling unter den Weißlingen

Der Kohlweißling ist sicher der bekannteste Vertreter seiner Schmetterlings-Familie. Aber schon der ebenfalls zu den Weißlingen gehörende gelbe Zitronenfalter ist eindeutig ein Abweichler vom üblichen Weiß der Familie. Das gilt auch für die Goldene Acht *(Colias hyale)*, ein verbreiteter Wiesenfalter mit sattgelben Vorder-, Hinter-,

Ober- und Unterflügeln. Die namengebende Ziffer findet sich als goldorange abgesetzter Doppelring auf den Hinterflügeln und ist beidseitig erkennbar. Beim etwas blasseren Weibchen zeichnet sie sich etwas deutlicher ab als beim besonders farbintensiven Männchen. Nahezu identisch ist die Bezifferung der nahe verwandten Verwechslungsart *Colias alfacariensis,* die nicht einmal Fachleute ohne längeres Grübeln sicher unterscheiden können.
Allein mit den auffälligen Flügelmarken der europäischen Schmetterlinge bekommt man einen größeren Teil des Alphabets und der Ziffern 0 bis 9 zusammen. Der C-Falter *(Polygonia c-album)* – das C liegt auf der Unterseite der Hinterflügel – und die Gammaeule *(Autographa gamma)* mit einem grellweißen Y auf der braungrauen Vorderflügelmitte sind bekannte Beispiele.

GOTTESanbeterin – alles andere als fromm

Wenn *Mantis religiosa* an warmen, trockenen Plätzen im Gras oder Gebüsch regungslos sitzt, den Vorderkörper angehoben und die Vorderbeine angewinkelt, erinnert ihre Stellung an eine Gebetshaltung. Tatsächlich ist es eine Lauerstellung, aus der das farblich gut getarnte, völlig ruhig sitzende Tier vorbeikommende Fliegen oder Grashüpfer blitzschnell ergreift. Die „betenden Hände“ der Gottesanbeterin entpuppen sich dabei rasch als bedornte Fangbeine. Ihre Beutetiere können die Größe der Jägerin erreichen, die ihren Namen Gottesanbeterin nicht nur wegen ihrer gebetsartigen Haltung, sondern vielleicht auch wegen der scheinbar frömmelnden Hinterlist erhielt. Selbst schwächere und unachtsame Artgenossen sind vor ihr nicht sicher. So gehen die paarungswilligen, deutlich kleineren Männchen beim Annähern an die Weibchen immer auch ein gehöriges Risiko ein. Die Liebhaber versuchen dem Gefressenwerden zu entgehen, indem sie sich von hinten an die Partnerin anschleichen, blitzschnell auf ihren Rücken springen, sich dort festklammern und nach dem langen Akt so schnell wie möglich wegspringen oder wegfliegen. Erlischt die Paarungslethargie des Weibchens nämlich eher, hat sie den Liebhaber „zum Fressen gern". Was für uns Menschen so brutal wirkt, bringt der Gottesanbeterin nüchtern betrachtet zweifachen Vorteil. Wenn der männliche Befruchter seinen Zweck erfüllt hat, kann sie mit ihm noch ihren Magen füllen.

Vom Schlüpfer zu Mücke – GRASmücke

Biologische Laien denken wohl beim Namen „Grasmücke" eher an ein mückenähnliches Insekt, das sich im Gras oder über Wiesen bevorzugt aufhält. Weit gefehlt, wie Natur- und Vogelfreunde wissen! Eine ganze Singvogel-Gattung, die Grasmücken *(Sylvia)* wird so benannt. Sie gehören zur Familie der Zweigsänger, sind alle recht klein oder gut sperlingsgroß und ernähren sich von Insekten. Wer jetzt meint, dass sich diese Vögelchen meist im Gras tummeln, liegt immer noch daneben. Bevorzugter Aufenthaltsort von Grasmücken ist dichtes, dorniges Gestrüpp oder der Wald. Erst die Suche nach der wortgeschichtlichen Herkunft ihres Namens bringt etwas Klärung in das „Grasmücken-Namensdickicht". Vom 11. Jahrhundert an und in den folgenden 300 Jahren nannte man sie „grasimugga" oder „grasmucka", wobei der zweite Wortbestandteil „smucka" wohl als Ableitung von „smuken" = Schlüpfen zu verstehen ist. Mit „Schlüpfer" sind die Dickicht-Liebhaber tatsächlich gut charakterisiert. Ob das im Namen Gra-smucke noch verbleibende „Gra" als „Grau" zu interpretieren ist, oder man die Vögel einfach im sinnbildlich dichten Gras „schlüpfen" ließ, bleibt unter Namens-Experten weiterhin noch strittig. Wenn wir uns die Artnamen der heimischen oder europäischen Grasmücken anschauen, machen alle einen Sinn: Die Mönchsgrasmücke mit schwarzer (Männchen) oder brauner (Weibchen) Kopfzier an Mönche erinnernd, die Dorngrasmücke als Liebhaberin von Dorngebüsch, die Klappergrasmücke mit ihrem klappernden Gesang, die Sperbergrasmücke mit gesperberter Unterseite oder die Brillengrasmücke mit ihrem schmalen, weißen Augenring, um nur einige zu nennen. Nur die Gartengrasmücke tanzt etwas aus der Reihe. Sie kommt zwar auch in verwilderten Gärten vor, „smukt" aber viel häufiger durch das Unterholz von Wäldern.

GRYLLTEISTE – nicht übersetzter Alkenvogel mit grillenähnlichem Triller

Die Gryllteiste gehört zu den am weitesten nördlich brütenden Vögeln. Den Alkenvogel mit dem schwarz-weißen Gefieder und seinen roten Beinen hätte man einfach nur „Grillen-Teiste" nennen brauchen. Dann wäre uns seine Namensgebung klarer gewesen. Die hoch pfeifenden Rufe von *Capphus grylle*, die zu einem Triller gereit sein können, erinnern tatsächlich an eine Grille. *Gryllos* (griechisch) bzw. *grillus* (lateinisch) heißt Grille, wobei das schwedische „Grylle" das Gleiche bedeutet. Und „Teiste" ist die dänische sowie norwegische Bezeichnung dieses Alkenvogels. Wenn er sich nicht gerade an unzugänglichen Brutfelsen und -klippen aufhält, taucht er im Meer nach Nahrung. Das sind vorwiegend Fische, aber auch Krebstiere, Borstenwürmer und andere Meerestiere auf dem Meeresboden oder unter großen Steinen. Die Teiste mit der grillenähnlichen Stimme zieht zwei schwarz bedunte Jungen im Schutz von Halbhöhlen und Höhlen auf, die von ihren Brutplätzen aufs Meer hinabgleiten, noch bevor ihre Schwungfedern ganz ausgewachsen sind und ihnen den Schwirrflug ihrer Eltern erlauben.

Märchenhaftes Wildgemüse: GUTER Heinrich

In der Kölner Altstadt, sozusagen noch im Schatten des Doms, hat man den berühmten Heinzelmännchen einen eindrucksvollen Gedenkbrunnen errichtet. Immerhin sollen die hilfreichen Kobolde nächtens den Kölner Bürgern die Arbeit verrichtet haben, bis eine allzu neugierige Schneidergattin trockene Erbsen auf die Treppe streute, die polternde Bande auch tatsächlich sah – aber damit auf Dauer vertrieb. Seither ist auch diese Stadt von allen guten Geistern verlassen.

Das Motiv der helfenden Heinzelmännchen (= Verkleinerungsform von Heinrich) ist im deutschen Märchenschatz weit verbreitet. Auch die Wohlfahrtswirkungen mancher Pflanzen – beispielsweise ihre Eignung für die Küche – machte man an der Gestalt eines wohltätigen Heinrich fest und nannte sie entsprechend Stolzer, Großer bzw. Guter Heinrich. Die lateinische Übersetzung vom Guten Heinrich (= *bonus henricus*) war als Pflanzenname schon lange vor der Zeit von Carl von Linné in Gebrauch. Die Pflanze, in der modernen Pflanzenkunde *Chenopodium bonus-henricus* genannt, wächst als Kulturfolger an überdüngten Abfallstellen, die viele Stickstoffverbindungen aufweisen. In den heute zunehmend verstädterten Dörfern ist sie allerdings selten geworden. Neuerdings baut man sie wieder als Gemüse an – sie schmeckt ähnlich wie Spinat, mit dem sie nahe verwandt ist.

HALLIMASCH: Ein Pilz mit Durchschlagskraft

Wenn sich an einem Baum die schnürsenkelgroßen Myzelstränge des Hallimaschs *(Armillaria mellea)* zeigen, ist sein Ende nahe oder zumindest besiegelt: Die Pilzfruchtkörper entwickeln sich gruppenweise auf (noch) lebendem oder totem Holz. Bei der Wahl der Wuchsunterlage sind sie nicht besonders wählerisch. Die dicht gedrängten, meist honigfarbenen Fruchtkörper drängeln sich auf Laub- und auf Nadelholz. Die meisten Pilzbücher bewerten den Hallimasch als Speisepilz. Angeblich sollen aber nur die auf Nadelholz gewachsenen Fruchtkörper (einigermaßen) genießbar sein, wobei in jedem Fall empfohlen wird, sie gründlich abzubrühen und den Sud wegzukippen. Ansonsten drohen Beschwerden im Magen-Darm-Bereich mit heftigen Durchfällen. Letztere beschreibt recht drastisch der Pilzname, den man als „Hölle im A…“ deutet.

Gestalten am Galgen: HÄNGENDER Mensch

Aceras anthropophorum – wörtlich das Menschen tragende Ohnhorn – heißt eine recht seltene heimische Orchideenart. Im Unterschied zu den meisten anderen Arten der Familie ist ihre Blüte nicht in einen rückwärtigen Sporn (= Horn) verlängert, in dem sich üblicherweise die Nektardrüse verbirgt. Dafür sind die vier Zipfel der Unterlippe bemerkenswert schlank und schlaff. Sie erinnern klar an menschliche Arme und Beine. Außerdem bilden die übrigen unauffällig blassgrünen Blütenblätter einen leicht geneigten Kopf. Das Bild eines sichtlich verblichenen Aufgeknüpften ist damit fast perfekt. Da der Blütenstand bis zu 50 Einzelblü-

ten umfasst, stellt sich das ganze Arrangement dann fast als Massenhinrichtung dar.

HASEn von Kopf bis Schwanz

Die gefällige Anatomie des Hasen war mehrfach Ausgangspunkt für die Benennung von Arten: Allen voran stehen die langen Lauscher: Mit Hasenohr bezeichnet man einerseits den zu den Becherlingen gehörenden Pilz *Otidea leporina* (vom lateinischen *otis* = Ohr und *lepus* = Hase) und andererseits überwiegend auf Trockenrasen vorkommende Wildkräuter aus der Familie der Doldenblütler. Deren wissenschaftlicher Gattungsname *Bupleurum* bedeutet allerdings wörtlich Ochsenrippe und ist wohl nach der Blattform gewählt. Beim Artnamen Hahnenfuß-Hasenohr *(Bupleurum ranunculoides)* gerät man nun vollends ins Schleudern: Was mag denn hier das Motiv gewesen sein?
Das andere Ende vom Hasen wurde ebenfalls vergeben: Der Hasenschwanz (*Lagurus ovatus,* vom griechischen *lagos* = Hase und *uros* = Schwanz) ist ein in allen Wärmegebieten Europas vorkommendes Gras. Seine fellartig dichten Ähren, die wie ein buschiges Hasenschwänzchen aussehen, findet man häufig in den Trockensträußen auf Kneipentischen. Die angenehm fellig-plüschige Behaarung der Blütenstände vom Hasen-Klee *(Trifolium arvense)*, erinnert ebenfalls an einen Hasenschwanz. Die Art kommt massenhaft in Sandtrockenrasen vor. Man sollte sie bei geschlossenen Augen und nur mit den Fingerkuppen erfühlen – das hübsche Gewächs ist eine echte Partnerersatzpflanze ...

HAUSmutter – sehr häuslich

Ihr Kennzeichen sind die gelben Hinterflügel mit dem breiten, schwarzen Saumband, die beim Auseinanderklappen der rotbraunen Vorderflügel sichtbar werden. Die Hausmutter *(Noctua pronuba)* aus der Familie der Eulenfalter (Noctuidae), der mit über 500 Arten in Mitteleuropa größten Schmetterlings-Familie, fliegt nachts und ist überall häufig. Ihre Raupen leben an Gräsern, Löwenzahn, Vogelmiere, Ampfer und anderen niedrigen Pflanzen, auch an Kohl- und anderen Gemüsearten. Bei dieser Pflanzenauswahl bieten Gärten in Dörfern und Städten *Noctua pronuba* viel. Ende Mai bis Ende September ist die Flugzeit des Falters, der auf Grund seiner Nähe zu den Häusern der Menschen zur „Hausmutter" wurde. Denn darin halten sich Hausmütter tagsüber gerne auf. Oft toben sie abends oder nachts beim Einschalten des Lichts dann wild um die Lampe. Will man eine Hausmutter fangen, um sie aus dem Haus zu entfernen, fasst sie sich durch ihre Beschuppung so schlüpfrig wie Seife an.

Seltsamer Zeitplan: HERBST-Zeitlose

Wenn der Herbst beginnt, ist die Blühsaison eigentlich zu Ende. Wer jetzt dennoch in Blüte steht, ist entweder ein Nachzügler des Spätsommers oder eine Art, die sich nicht unbedingt an die Jahreszeiten hält. Auch die hübsche Herbst-Zeitlose *(Colchicum autumnale)* blüht offensichtlich zur Unzeit und führt diese Eigenart sogar im Namen – Blütezeit und Laubaustrieb sind zeitlich völlig entkoppelt. In lückiger Nachbarschaft ohne verwirrende Halmkulisse erkennt man sofort, dass die schmucke Blüte ohne Hüllblätter unmittelbar aus dem Boden kommt. Ab Frühjahr erscheinen die glänzenden dunkelgrünen Blätter und eine ovale Kapsel aus dem Boden. Kurioserweise entwickelt sich also am grünen oberirdischen Spross der Pflanze scheinbar im Direktverfahren eine mit zahlreichen Samen gefüllte Frucht, ohne dass in der neuen Saison die zugehörige Blüte zu sehen gewesen wäre.

Der herbstliche Blühtermin, mit dem die Herbst-Zeitlose vor dem Wintereinbruch das Frühjahr vorwegnimmt und sich als extremer Frühblüher qualifiziert, mag ursprünglich eine Anpassung an das saisonal trockene Steppenklima ihrer ursprünglichen Heimat gewesen sein. Das passt aber zufällig recht gut in den traditionellen Bewirtschaftungsrhythmus von Wiesen und Weiden: Die Pflanze blüht nach der letzten Mahd und fruchtet, bevor die Sense alle aufstrebende Botanik erneut flachlegt.

HEXENbesen – Opfer der Walpurgisnacht?

Irgendwie sind Reisigbesen aus der Mode gekommen. Längst sind die aus Zweigen oder Ästen heimischer Gehölze zusammengebundenen Straßenfeger durch moderne Werkstoffe ersetzt. Früher waren solche Besen nicht nur Reinigungsgerät, sondern sollen auch Verkehrsmittel gewesen sein: Nach weit verbreiteter Ansicht sollen sich Hexen damit in die Luft erhoben haben und sind in der Walpurgisnacht auf den Brocken im Harz geflogen. Offenbar hatte die eine oder andere dabei Navigationsprobleme, denn ab und zu blieb schon mal ein Besen in einer Baumkrone hängen. Soweit die öffentliche Meinung.

Die Botanik bietet dafür einen eher ernüchternden Befund: An manchen Stellen im Geäst weicht das Verzweigungsmuster völlig von der arttypischen Form ab und drängt zahlreiche Seitenzweige auf engstem Raum zusammen. So entstehen besen- oder nestartig dichte Gebilde, die der Volksmund auch Donnerbüsche nennt. Sie sind sicherlich kein Überbleibsel von der letzten Walpurgisnacht, sondern gehen auf Wuchsstörungen zurück, die parasitische Pilze der Gattung *Taphrina* auslösen. Manche Baumarten sind dafür besonders anfällig, beispielsweise Birke, Erlen und Hainbuche. Auch bei Nadelbäumen wie bei der Lärche treten solche Missbildungen auf.

HEXENbutter – glitschig, gelb und eigenartig

Manchmal sehen sie wirklich aus wie hingerotzt. Andere erinnern an tropfende Farbkleckse oder verschmierte Butter vom Picknickbrötchen – seltsame, manchmal sogar handflächengroße Gebilde auf Baumstümpfen, lagerndem Holz, nassen Felsen oder feuchtem Waldboden – marodierende Mini-Monster, die nach Schneckenmanier langsam umherkriechen, aber für eine Nacktschnecke viel zu platt sind: Es sind Schleimpilze (Myxomyceten). Solange man die Lebewesen nur in Pflanzen und Tiere einteilte, hatte man ziemliche Probleme damit, sie in irgendein Organismenreich einzuordnen. Also musste die Fantasie helfen, denn für alles, was man sich in Feld und Flur nicht erklären konnte, mussten der naiven Vorstellung früher Hexen, Teufel oder andere lichtscheue Figuren dienen. Heute versteht man die faszinierenden Schleimpilze als Vertreter eines eigenen Organismenreiches. Wenn sie ihre Lebensphase als kriechende Kleckse beendet haben, entwickeln sie Sporenbehälter, die wie winzige Lampions, aufgereihte Zaunlatten oder ausgestreute Liebesperlen aussehen.

HOHLzahn – und doch kein Fall für den Zahnarzt

Die Blüte sieht aus wie bei einer Taubnessel. Auf den randlichen Lappen der breiten Unterlippe findet sich jedoch je ein hohler, zahnartiger, etwa zwei Millimeter hoher Höcker. Diese beiden Randhöcker wirken wie die Pfosten einer Hauseinfahrt – sie haben offenbar die Aufgabe, die dicken Köpfe der Besucherinsekten (vor allem Bienen und Hummeln) direkt zum Blütenzentrum mit seinen Nektarvorräten zu lenken. Solche Führungsschienen zum Einfädeln bzw. Einparken finden sich auch bei vielen anderen Blüten der heimischen Flora.

Der wissenschaftliche Gattungsname *Galeopsis* leitet sich ab vom griechischen *gale* = Wiesel, offenbar wegen der an die Fangzähne eines Marders erinnernden Blütenzähne. Der häufigste heimische Vertreter der Gattung ist der Stechende Hohlzahn *(Galeopsis tetrahit)*, dessen Kelchblätter nadelspitz sind. Er gilt übrigens als eindrucksvolles Beispiel dafür, dass durch Bastardierung eine neue Art entstehen kann. Die beiden Eltern sind der Weichhaarige Hohlzahn *(G. pubescens)* und der Bunte Hohlzahn *(G. speciosa)*. Ihr gemeinsames Kreuzungsergebnis hat doppelt so viele Chromosomen wie jede Elternart.

Bockig wie ein Böckchen: HOLZBOCK

Gams-, Reh- oder Ziegenbock geben sich mitunter recht bockig, wenn sie mal gerade keinen Bock haben. Ein Holzbock wäre davon eventuell die hölzerne Variante im Spielzeugformat, doch die ist hier nicht gemeint. Auch weitere Böcke wie Alpen-, Held- und Moschusbock aus der großen Familie der Bockkäfer stehen zur Auswahl. Die scheiden hier ebenfalls aus – auch der Haus- oder Balkenbock, dessen Larven das Dachgestühl zerbröseln. Schließlich könnte der Holzbock noch ein landwirtschaftliches Gerät zum Zersägen von Schlagholz sein. Nein, auch nicht ... Mit Holzbock bezeichnen die Zoologen eigenartigerweise eine nicht ganz ungefährliche Milbe und damit ein Spinnentier, nämlich die weltweit verbreitete Waldzecke *(Ixodes rizinus)*. Der Namensteil „Holz“ steht gleichbedeutend für Wald bzw. Gebüsch – so bezeichnet man vor allem in Norddeutschland kleinere Waldstücke, was auch in Ortsnamen auftritt (Osterholz, Nordholz u.a.). Der „Bock“ ist tatsächlich ein Zitat des Ziegenbocks: So bockig dieser sich mitunter anstellt, so widerspenstig ist auch der Holzbock, wenn man ihn aus der Haut entfernen will.

Geradezu unverschämt: HUNDsrute

Die Naturhistoriker des 18. Jahrhunderts waren wahrscheinlich leicht schockiert: Nein, das gibt es doch gar nicht, das sieht ja aus wie, nun ja, wie das aktionsbereite Begattungsorgan des männlichen Hundes. Die Formähnlichkeit ist beeindruckend. Der so benannte Pilz *(Mutinus caninus)* gehört in die verwandtschaftliche Nähe der Boviste. Noch ärger treibt es die Stinkmorchel – sie trägt sogar den bezeichnenden wissenschaftlichen Namen *Phallus impudicus* – der ganz und gar Schamlose. Beide Arten strapazieren nicht nur die Fantasie, sondern auch die Nase, denn sie stinken erbärmlich. Fliegen sind von diesem unglaublichen Aasgestank offensichtlich äußerst entzückt und kommen in Scharen: Sie finden zwar kein faulendes Fleisch, in das sie ihre Eier legen könnten, tragen aber in kurzer Zeit die glibberige Fruchtmasse ab und verbreiten so Unmengen von Pilzsporen in neue Lebensräume.

HUNDswürger – und dennoch nichts im Griff

Für Fliegen, die auf ihren weißen Blütenherum turnen, hat die Schwalbenwurz *(Vincetoxicum hirundinaria)* ihre besonderen Tücken: Be-

geht das Insekt einen Fehltritt, gerät es mit einem Fuß in eine Klemmfalle und kann sich daraus nur befreien, indem es gewaltsam ein Pollenpaket herausreißt und anschließend zur nächsten Blüte verschleppt. Eigenartigerweise heißt diese Pflanze, die es eher auf die Übertölpelung ihrer Blütengäste abgesehen hat, auch Hundswürger. Tatsächlich enthält sie Giftstoffe, die zu Atemlähmungen führen. Aus Namibia liegen Berichte vor, wonach sich an einer verwandten Art sogar Elefanten vergiftet haben. Aber was bringt einen Hund dazu, von dieser extrem bitter schmeckenden Pflanze zu naschen? In Süddeutschland erzählt man sich, dass Diebe mit solchermaßen vergifteten Ködern die wachsamen Hofhunde ruhig stellten.

Dem Haushund ins Maul geschaut: HUNDszahn

Der Vergleich eines Pflanzenorgans mit den Bauteilen eines Raubtiergebisses (auch der Zwergpinscher stammt schließlich vom Wolf ab) erscheint immer etwas gewagt. Umso mehr muss es verwundern, wenn gleich zwei Pflanzenarten das Hundegebiss im Namen führen, und noch verwunderlicher ist, dass sie so gar nicht Zähne fletschend aussehen. Eine dieser beiden Arten, die Hundszahnlilie *(Erythronium dens-canis)* ist eine äußerst schmucke Alpenpflanze. Sie überdauert mit spitzen, weißlichen Zwiebeln, die tatsächlich wie die Reißzähne aus dem Brechscherenapparat eines großen Hundes aussehen und auch die passende Größe aufweisen. Der wissenschaftliche Artzusatz (lat. *dens* = Zahn, *canis* = Hund) betont den gleichen Sachverhalt. Der Gattungsname stammt dagegen aus der griechischen Antike und ist unübersetzbar. Die Pflanze kommt – von verschiedenen Gartensorten abgesehen – nur auf der Südalpenseite vor.

Der zweite Hundszahn ist ein Gras und heißt wissenschaftlich *Cynodon dactylon* (vom griech. *kyon/kynos* = Hund und *odon* = Zahn).

Hier muss man zur Zahnuntersuchung allerdings die Lupe zur Hand nehmen, denn der Name bezieht sich auf die gezähnten Spelzen im Blütenstand.

HUNGERblümchen: Ein klarer Fall von Magersucht

Irgendwie hört sich der Name dieser kleinen heimischen Pflanze nicht besonders gesund an, und tatsächlich präsentiert sie sich mit einem ziemlich mickrigen Aussehen – etwa zwei Zentimeter bis allenfalls fingerlang hoch, mit kurzlebiger Blattrosette und sehr kleinen weißen Kreuzblüten. Der Name bezieht sich jedoch auf den Standort, der anderen Blütenpflanzen schlicht zu mager und zu nährstoffarm ist, beispielsweise Mauerkronen und Sandfluren. Eine besondere Vorliebe entwickelt es offenbar für die Kiesschüttungen von Baumarktdächern. Der wissenschaftliche Gattungsname *Erophila* leitet sich ab vom griechischen *er/eros* = Frühling, denn die Pflanze blüht bereits im März. Trotz der anklingenden Frühlingsgefühle besteht keine sprachlich-inhaltliche Verbindung zu *eros/erotos*. Der Artzusatz *verna* (von lat. *ver* = Frühling) besagt eigentlich das Gleiche: *Erophila verna* ist also ganz und gar frühlingsbetont.

Da ist was im Busch: JUNGFER im Grünen

Die Hahnenfußgewächse sind eine große Pflanzenfamilie, die auch in der heimischen Flora recht artenreich vertreten sind. Erstaunlich ist neben vielen anderen Besonderheiten der außerordentliche Gestaltungsreichtum der Blüten. Immerhin gehören zu dieser Familie so grundverschieden aussehende Vertreter wie Akelei, Busch-Windröschen, Rittersporn und Trollblume. Auch die *Nigella*-Arten mit ihrer eigentümlichen Blütenarchitektur gehören hierher. Beim Damaszener Schwarzkümmel *(Nigella damascena)*, der im östlichen Mittelmeergebiet beheimatet ist und gerne aus Bauerngärten in die freie Flur verwildert, befindet sich unterhalb der zartblauen Blüte eine auffällige Hülle aus stark zerschlitzten Hochblättern. Hinter diesem Gitterwerk verbirgt sich die noch ungeöffnete Blüte wie in einem Käfig – bereits jetzt durchaus verführerisch, aber vorerst noch nicht erreichbar. Diese eigenartige Schutzgitterfunktion hat der Pflanze verschiedene seltsame und zunächst nicht selbsterklärende Namen eingetragen wie Jungfer im Grünen, Braut in Haaren sowie Gretel im Busch.

KAISERmantel – Kaiser unter den Edelfaltern

Der Kaisermantel *(Argynnis paphia)* wird auch Silberstrich genannt. Den Zweitnamen trägt er wegen seiner silbrig-perlmuttfarbenen Zeichnung auf der Unterseite seiner Hinterflügel, die in verschiedenen Ausführungen alle 18 heimischen Arten der Perlmutterfalter auszeichnet. Oberseits leuchtend orangebraun gefärbt mit eingestreuten schwarzen Punkten und Strichen gehört der Silberstrich mit seinen 3,5 Zentimeter langen Vorderflügeln zu den größten Schecken- und Perlmutterfaltern. Außerdem ist er nicht selten und in günstigen Jahren sogar recht häufig auf Lichtungen, an Waldrändern und sonnigen Wiesen anzutreffen. Groß, auffällig und dazu noch mit edlem Silber in den Flügeln: eben ein richtiger „Kaisermantel".

Verdächtige Rundungen: KÄLBERkropf

Wenn der Name einer Pflanze Ausflüge in die Anatomie der Haustiere unternimmt, ist meist recht viel Fantasie im Spiel. So sieht man auch beim Hecken-Kälberkropf *(Chaerophyllum temulum)*, einer häufigen Wildpflanze an halbschattigen Gebüschsäumen, den Namensbezug nicht auf den ersten Blick. Und überhaupt: Wer hat denn schon einmal den Kropf bzw. Kehlkopfapparat eines Kalbes gesehen? Die einzige Anmutung, die die etwa ein Meter hoch werdende Pflanze bietet, sind die bleichgrünen, leicht blasig aufgetriebenen Blattscheiden mit einem kräftigeren Streifenmuster, die vielleicht an die Knorpelringe des Kehlkopfapparates erinnern. Eine ähnliche Vorstellung liegt wohl beim Taubenkropf-Leimkraut *(Silene vulgaris)* vor, wo die aufgeblasenen Kelche den Vergleich beflügelt haben. Noch mehr Kopfzerbrechen bereitet die Ableitung des wissenschaftlichen Gattungsnamens: Das schon antik überlieferte *Chaerophyllum* soll auf das griechische *chairein* = freuen und *phyllon* = Blatt zurückgehen. So erfreulich sind die Blätter jedoch nicht, denn die gesamte Pflanze ist relativ giftig, was ihr Artzusatz *temulum* = Taumel auslösend zu Recht betont.

Das KAPSCHAF als Gleitflieger

Als die ersten portugiesischen Seeleute im 15. Jahrhundert sich mit ihren Segelschiffen entlang der afrikanischen Küste bis in den stürmischen Südatlantik hinunterwagten, machten sie Bekanntschaft mit großen, schwarz-weißen Vögeln, deren gedrungener Körper von lang ausgezogenen Flügeln scheinbar schwerelos durch die Luft getragen wurde. „Alcatraz" nannten die Seeleute diese fremdartigen Gleitflieger. In der Folge wurde von englischen Seglern aus dem portugiesischen Wort Alcatraz (= große Seevögel) durch Verballhornung der „Albatros". Der größte unter ihnen ist der Wander-Albatros. Mit einer Körperlänge von 1,1 bis 1,4 Meter bringt er bei einer Flügelspannweite von 3,4 Meter ein Körpergewicht zwischen sechs und elf Kilogramm zum flügelschlaglosen Gleiten. Wenn die Seeleute beim Umfahren des Kaps solche großen Vögel im Dünengras sitzen oder auf Klippen in ganzen Kolonien brüten sahen, konnte beim Anblick der Albatrosse schon mal Heimweh hochkommen, indem sich die harten Männer an heimische Schafe auf schottischen Weiden erinnert fühlten. Von daher ist der Name „Kapschaf" für den großen Seevogel gar nicht so abwegig.

Die KARPFENlaus tankt unter Wasser

Läuse setzt man sich in den Pelz, oder vielmehr: Sie kommen eher ungerufen und geraten in die Haare, um in deren Dickichten in aller Ruhe ihre Blutmahlzeit zu halten. Bei einem Karpfen ist das mit den Haaren so eine Sache, denn die die am weitesten verbreiteten Zuchtformen, die Spiegel- und

Lederkarpfen, haben nicht einmal ein Schuppenkleid. Die Karpfenlaus *(Argulus foliaceus)* klammert sich daher nicht an, sondern hält sich am Zuchtkarpfen mit zwei großen Saugnäpfen fest, bevor sie nach Läusemanier die Blutgefäße ihres Wirtes ansticht. Das etwa fünf Millimeter große Tier ist platt wie ein Blatt, was sein wissenschaftlicher Namenszusatz (vom lateinischen *folium* = Blatt) ausdrücklich betont. Der Gattungsname *argulus* erinnert dagegen an Argos, ein vieläugiges Ungeheuer aus der griechischen Sagenwelt. Der kleine Außenparasit, der nicht nur Karpfen, sondern auch Frösche und Kröten zur Ader lässt, ist kein Insekt und demnach keine Laus, sondern ein Kiemenschwanzkrebschen. Wenn er sich nicht gerade betankt, zieht er mit eleganten Bahnen durch das Wasser.

Die KÄSEpappel zwischen Kohl und Kleister

Die Vorstellung ist zugegebenermaßen abstrus: Käse wächst auf Pappeln? Die Ethnobotanik löst den Sachverhalt ganz undramatisch auf: Namensgeber sind die wie ein runder Käselaib geformten Früchte zweier heimischer Malven-Arten, der Weg-Malve *(Malva neglecta)* und der Wilden Malve *(Malva sylvestris)*, die man regional als Kleine bzw. Große Käsepappel bezeichnet. Mancherorts heißen sie auch Gänse- bzw. Ross-Malve, um den Unterschied beider Wildpflanzen zu den noch üppiger blühenden Garten-Malven zu betonen. Unreif sind die käselaibartigen Früchte essbar – sie schmecken ein wenig nach Käse mit Kohlaroma. Reif sind sie dagegen schlicht zu lederig. Etwas umständlicher ist die Deutung des zweiten Namenbestandteils. Mit dem Gehölz Pappel, in dessen deutschem Namen die verschliffene lateinische Bezeichnung *populus* aufscheint, steht die Käsepappel nicht in Verbindung, wohl aber mit kleisteriger Papp(e) bzw. Pampe im Sinne von Kinderbrei, denn alle Pflanzenteile der Malven enthalten

Schleimstoffe, die man auch arzneilich einsetzt. Die seinerzeit beliebten und leicht glibberigen Marshmallows stellte man ebenfalls aus Stängelstücken von Malven her.

KLAPPERtopf – Nachrichten vom Küchenherd?

Lautes Hantieren mit Pfannen und Töpfen ist oft eine gute Verheißung, denn in der Küche entsteht möglicherweise eine kulinarische Offenbarung. Unser Klappertopf ist von Küche und Kulinarischem jedoch denkbar weit entfernt, und auch sein Klappern ist eher ein vernehmliches Rascheln: Die reifen Samen purzeln im blasig aufgetriebenen Kelch hörbar herum, wenn der Wind die Pflanze kräftig durchschüttelt. Klappertöpfe sind Wiesenpflanzen. Die häufigste der heimischen Arten ist der formenreiche Zottige Klappertopf *(Rhinanthus alectorolophus)*. Der wissenschaftliche Gattungsname bedeutet wörtlich Nasenblume. Was der Namensgeber Carl von Linné sich dabei gedacht hat, ist allerdings schleierhaft. Eher ist der Artzusatz zu verstehen – *alectorolophus* bedeutet Hahnenkamm und bezieht sich wohl auf die deutlich gezähnten Tragblätter der Blüten. Alle Klap-

pertopf-Arten sind Halbparasiten. Sie zapfen im Bodenraum die Wurzeln anderer Wiesenpflanzen an und zweigen daraus Wasser und Mineralsalze für ihren eigenen Bedarf ab.

KLAPPmütze – bei Erregung wird aus Nase eine Mütze Eine Besonderheit dieser im Packeis lebenden großen, kräftigen Robben sind ihre großen Nasen. Während bei den Weibchen und Jungtieren von *Cystophora cristata* die Nase den Mund lediglich überragt, ist sie bei den erwachsenen Robbenbullen zu einer schwarzen Blase umgebildet, die im schlaffen Zustand wie ein Elefantenrüssel über ihrem Mundspalt hängt. Bei Erregung bläst ein Klappmützenbulle seine Nase auf, die dann nach oben rutscht und ihm wie eine Mütze auf dem Kopf sitzt. Gleichzeitig bläst er noch die rote Nasenscheidewand wie einen Ballon aus einem Nasenloch heraus, wobei das an eine Kaugummiblase erinnernde Gebilde Kopfgröße erreichen kann. Bei gleichzeitigem Brüllen funktionieren die aufgeblasene „Nasenmütze" und die herausgestülpte Nasenscheidewand als Lautverstärker. Doch was auf uns vielleicht ein wenig lächerlich wirkt, erzielt bei den Rivalen die gewünschte Wirkung. Die kann der erregte Bulle durch seine Klappmütze erfolgreich von seinen Frauen und Kindern auf der Eisscholle fern halten.

KLEINER Fuchs – raus aus dem Fuchsbau, rein ins Liebesspiel Während die meisten Falter im Sommer Hochzeit halten, eröffnet ein Schmetterling schon im zeitigen Frühjahr auf fuchsroten Flügeln und halbmondförmig schwarz umrandeten blauen Flecken an den Flügelrändern den Hochzeitsflug. Der Kleine Fuchs hat in einem hohlen Baum, unter loser Rinde oder auf unserem Dachboden überwintert und wird jetzt von seiner „Füchsin“ abgeschleppt, die vor ihm herfliegend ihren unwiderstehlichen Duft verbreitet. Nach dem Balzflug und dem Liebesspiel am Boden mit Flügelzittern und Antennenspielchen, findet die Paarung statt. Wobei sich das Liebespaar zwischendurch und danach immer wieder an Huflattich- und Weidenkätzchen-Nektar stärken muss. Etwas später entdecken wir das Weibchen an den Brennnesselstauden in unserer sonnigen Gartenecke. Dort legt sie ihre Eier ab, aus denen dunkelschwarz gefärbte, mit einem doppelten gelblichen Seitenstreifen verzierte Raupen schlüpfen. Nach dem geselligen Zusammenleben im Raupengespinst und vielen Brennnesselblatt-Mahlzeiten, suchen sie sich einzeln an den Stängeln ihr Verpuppungsplätzchen. Mit einem Gespinstpolster an ihrem Hinterleibsende am Brennnessel-Stängel befestigt, hängen die Stürzpuppen jetzt kopfunter an der Pflanze, bis schließlich ein fuchsrot gefärbter Falter sich aus der Puppenhülle zwängt. Vor allem die frisch geschlüpften Kleinen Füchse treffen mit ihrer Färbung den Farbton ihres Namensgebers, unseres Rotfuchses, sehr genau. Den Fuchs-Faltern der zweiten Generation können wir mit Schmetterlingsflieder und Staudenastern im Garten reiche Nektarquellen bieten, bevor sie zum Überwintern unser Gartenhaus oder den Dachboden als „Fuchsbau“ aufsuchen.

Gezielt unter die Gürtellinie: KNABENkraut

Heute kann man sie für ein paar Euro in jedem Tankstellenshop kaufen. Früher waren sie dagegen Luxus pur und symbolisierten unerreichbare Exotik: Orchideen haben unter den Pflanzenliebhabern eine besonders enthusiastische Fan-Gemeinde. Wenn die wüssten ...

Das Namensmotiv für die Knabenkräuter (Gattung *Orchis*) und die Knabenkrautgewächse (Orchidaceae), wie man die artenreiche Familie der Orchideen nennt, entzieht sich dem direkten Blick. Die Knabenkräuter überwintern mit einer verdickten, stärkereichen Wurzelknolle, die jedes Jahr neu entsteht. Zur Blütezeit liegen die vorjährige und die neue Knolle an der Basis der Sprossachse direkt nebeneinander. So erinnern sie in Anordnung, Aussehen und Größe an ein Hodenpaar – und nichts anderes bedeutet das altgriechische Wort *orchis*. Kein Wunder, dass man diese Wurzelteile zeitweilig als hochwirksames Aphrodisiakum betrachtete, was sie natürlich nicht sind. Überprüfen Sie bitte auch nicht das Aussehen der hodenförmigen Wurzelknollen unserer seltenen heimischen Orchideen – die Enthaltsamkeit kommt in diesem Fall dem Natur- und Artenschutz zugute.

KNURRhahn – Lautes aus der Welt der Stille

Meist ist es eine recht unliebsame Lautäußerung: Der Magen meldet sich knurrend, wenn er hungrig durchhängt, oder der Hund im Angesicht des Postboten. Andererseits hat man auch schon von Hähnen gehört, die frühmorgens noch vor der bürgerlichen Weckzeit laut krähen und die Nachbarschaft tyrannisieren. Aber Hähne, die knurren? Knurrhähne sind weder Hund noch Hahn, sondern Fische, genauer eine ganze Fischfamilie mit weltweit etwa 100 Arten. In Nordsee und Mittelmeer ist davon der Rote Knurrhahn *(Trigla lucerna)* häufig. Drei Dinge sind an diesen Tieren bemerkenswert: Sie können mit Hilfe besonderer Muskeln ihre luftgefüllte Schwimmblase vibrieren lassen. Die so erzeugten Töne hören sich ähnlich schnarrend an, wie wenn man mit den Fingern über einen prallen Luftballon fährt. Solche Knurrhahnrufe vernimmt man vor allem zur Fortpflanzungszeit der Tiere. Offenbar dienen sie der Zusammenführung der Parungspartner. Außerdem schillern ihre Brustflossen bunt wie die Federn eines stolzierenden Gockels – das den Vogelnamen des Fisches erklärt. Schließlich sind bei den Knurrhähnen die ersten drei Strahlen der Brustflosse frei und unabhängig zu bewegen. Die Fische können damit nicht nur auf dem Meeresboden umherstaksen, sondern auch tasten und sogar schmecken, denn die Flossenstrahlspitzen sind mit empfindlichen Sinneszellen ausgerüstet. Knurrhähne sind übrigens bemerkenswert vermehrungsfreudig: Die Weibchen laichen im Frühsommer rund eine Viertelmillion Eier ab. Die daraus schlüpfenden Larven leben zunächst frei im Plankton und gehen erst dann zu Boden, wenn sie etwa drei Zentimeter lang sind.

KOMPASSqualle: Die Strömung bestimmt den Kurs

Im Allgemeinen haben Quallen einen schlechten Ruf. So mancher fühlte sich von ihren Nesselzellen unangenehm berührt, die artabhängig sogar recht heftige und langwierige Schmerzen hervorrufen. Andererseits sind diese Tiere außerordentlich formschön und gehören zu den grazilsten Erscheinungen des Tierreichs überhaupt. Die Kompassqualle *(Chrysaora hyscoscella)* – benannt nach Chrysaon, einem Sprössling des Meeresgottes Poseidon aus der griechischen Sagenwelt – ist ein ausgesprochen hübsches Geschöpf. Den deutschen Namen erhielt sie nach den exakt 32 radial und winkelgenau verlaufenden Strichen auf ihrer Schirmaußenseite, die genau so aussehen wie die Richtungseinteilung eines Schiffskompasses. Sie treffen am Schirmrand exakt auf die Stellen, wo sich die Sinnesorgane bzw. Tentakel befinden. Übrigens: Die Kompassqualle ist das Wappentier des bedeutendsten deutschen Meeresforschungsinstitutes, der Biologischen Anstalt Helgoland.

Die KÖNIGSkerze für lichte Momente bei den Royals

Wenn es bei Hofe besonders lichtvoll zugehen sollte, brauchte man nicht nur viele, sondern vor allem große Kerzen. Das Bild einer dicken Kerze auf hohem Leuchter bietet beispielsweise die heimische, bis 2,5 Meter hohe Großblütige Königskerze *(Verbascum densiflorum)* mit ihrem schlanken, hellgelben Blütenstand auf jeden Fall. Da außer dem kerzengeraden Hauptblütenstand aus den Achseln der oberen Stängelblätter auch noch eine Anzahl weiterer Teilblütenstände sprießen kann, stellt sich die stattliche Pflanze fallweise sogar als vielarmiger Kandelaber dar. Ihre himmelstrebende Wuchsform hat ihr in manchen Gegenden auch den Namen Wetterkerze eingetragen, womit sich der Aberglaube verband, die Pflanzen könnten womöglich die Blitze einfangen und so vom Einschlagen in Haus oder Hof ablenken. Als Blitzableiter ist sie erwiesenermaßen wirkungslos, aber als Heilpflanze steht sie nach wie vor in hohem Ansehen. In ihren Blüten begeht sie übrigens einen heftigen Etikettenschwindel: Die stark behaarten Staubblätter täuschen den anfliegenden Blütenbesuchern sehr viel mehr Pollenmasse vor, als tatsächlich zu holen ist. Das Königs-Attribut findet sich nicht selten und bezeichnet bei Tieren meistens die jeweils größten ihrer näheren Verwandtschaft. Beispiele sind Königstiger, Königskobra oder Königslibelle.

KRABBENspinne – verführen, vergiften, verspeisen

Pflanzen haben gleichsam die Plakatwerbung erfunden: Knallbunt und mit üppigen Formen stellen sie ihre Blüten zur Schau, damit fliegende Insekten landen, sich mit Pollen beladen und ihn anschließend verschleppen. Für Bienen und Falter ist die Blüte vor allem ein Saftladen: Die Nektardrüsen der Billigtankstelle sondern hoch konzentrierte Zuckerlösungen als Insektennahrung ab. Das Geschäft floriert – in der geöffneten Blüte ist fast immer Betrieb. Und außerdem gibt es unter den Blüten auch Nachtlokale.

Nun liefert die Natur auch das Vorbild für üble Wegelagerer: Krabbenspinnen – so genannt wegen ihrer krabbenähnlichen Gestalt – steigen in die Blüten ein und platzieren sich mittendrin, wo sonst Nektartropfen und Pollenpakete locken. Die Spinnenart *Misumena vatia* geht besonders trickreich vor, denn sie ist blütenbunt ausgefärbt, mal kräftig gelb, reinweiß oder in rötlichen Nuancen. Wenn sie inmitten einer Blüte thront, erscheint diese sogar mit besonders verlockendem Make-up. Anfliegende Blütenbesucher bemerken die fatale Falle meist zu spät – sie landen geradewegs in den Giftklauen der Spinne. Die zieht mit dem gelähmten Opfer in den nächsten Blattwinkel und saugt die Beute genüsslich aus.

KRÄUTERdieb – ein diebischer Käfer?

Diebskäfer der Familie Ptinidae erinnern mit ihren langen Beinen und einer Einschnürung zwischen Brust und Hinterleib etwas an Spinnen.

Viele Arten sind echte Allesfresser. Und zu „Dieben“ wurden sie, weil die Käfer sich gelegentlich an Dingen vergreifen, die wir als unser Eigentum ansehen. Wie sein seit etwa 1900 bei uns eingeschleppter australischer Kollege, der Australische Diebskäfer *(Ptinus tectus)*, lebt auch der Kräuterdieb *Ptinus fur* an vielen trockenen Pflanzenstoffen. Im Freien lebt er im morschen Holz oder in Vogelnestern. Bei seinen „Hausbesuchen“ sucht er nach trockenen Pflanzenteilen in unserem Haushalt. Das sind vor allem Gewürze oder Getreideprodukte. So wird der kleine Käfer zwangsweise zum Kräuterdieb.

Ab und zu auf Tauchstation – die KREBSschere

Die Greif- bzw. Knackschere der großen Zehnfußkrebse wie Flusskrebs, Strandkrabbe oder Taschenkrebs können kräftig bis recht schmerzhaft zupacken. Ein ausgewachsener Hummer könnte mit seiner ausgeprägten Rechten sogar einen kleinen Finger abtrennen. Die hier gemeinte Krebsschere *(Stratiotes aloides)*, eine heimische, frei flottierende Wasserpflanze aus der Familie Froschbissgewächse, ist dagegen völlig problemlos. Ihre schwertförmigen Blätter sind als Rosette so angeordnet, dass je zwei davon wie die klaffende Schere eines angriffsbereiten Großkrebses aussehen. Der wissenschaftliche Name erinnert an die Schwertbewaffnung antiker Krieger (griech. *stratiotes* = Soldat) bzw. an das einer Aloe ähnliche Erscheinungsbild der Pflanze. Bemerkenswert ist die Überwinterungsstrategie dieser Art: Im Spätherbst sinkt sie einfach auf den Gewässergrund und taucht im Frühjahr buchstäblich aus ihrer Versenkung wieder auf.

KRUMMhals – mit zweifachem Knick in der Röhre

So richtig gerade ist unsere Wirbelsäule ja nicht – noch nicht einmal bei Operettenoffizieren, die herumstolzieren, als habe man sie auf ein Bügelbrett getackert. Schon im Bereich unserer sieben Halswirbel besteht eine leichte und aus statischen Gründen sinnvolle Verbiegung – bereits die normale Anatomie modelliert uns also zum

Krummhals. Bei einem Reiher fallen die Krümmungen noch viel stärker aus. Wenn er fliegt, kann er seinen langen Hals beinahe zickzackförmig falten. Ein mäßiger oder sogar übermäßig gekrümmter Schlund ist bei Wirbeltieren also nicht ungewöhnlich.

Pflanzen haben keine Hälse, und deswegen muss man hier an anderer Stelle nach auffälligen Halskrümmungen suchen: Der Acker-Krummhals *(Anchusa arvensis)* erhielt seinen Namen nach dem doppelten Knick seiner Kronröhre. Die fünf himmelblauen Kronblätter enden außen mit abgerundeten Zipfel und verwachsen an der Basis zu einer ungefähr sechs Millimeter langen weißen Röhre, die gleich zweimal um rund 90 Grad knieartig gekrümmt ist. Bei seinen allernächsten Verwandten *Anchusa officinalis* und *Anchusa azurea* ist die Kronröhre dagegen militärisch gerade, und deswegen heißen diese beiden Arten auch nicht Krummhals, sondern nach den rauen Blättern Ochsenzunge. Ihr wissenschaftlicher Gattungsname nimmt auf keines dieser Merkmale Bezug – er stammt unübersetzbar aus der Antike.

KÜCHENschelle: Was die Glocke geschlagen hat

Es klingelt rund ums Jahr in der heimischen Pflanzenwelt – vom Schneeglöckchen *(Galanthus nivalis)* über die Osterglocken *(Narcissus pseudonarcissus)* und die Glocken-Heide *(Erica tetralix)* bis zu den Alpenglöckchen *(Soldanella alpina)* – von den Glockenblumen (Gattung *Campanula*, vgl. ital. *campanile* = Glockenturm) einmal ganz abgesehen. Namensmotiv ist in allen diesen Fällen die ausgeprägte Glockenform der Blütenkrone, wenngleich das Schneeglöckchen ein paar gewaltige Sprünge aufweist. Zu diesem Blumenkonzert gehört auch die Küchenschelle *(Pulsatilla vulgaris)*. Aber wieso Akustik aus der Küche? Das Problem löst sich sofort auf, wenn man den Pflanzennamen aus der Verkleinerungsform zurücknimmt und als Kuhschelle zitiert oder schlicht richtig als Kü*h*chenschelle schreibt. Dann wird deutlich, dass die Blütenhülle an die unentwegt scheppernden Almherden erinnern soll, in denen jede Kuh ihre Kopfbewegungen lautstark zu Gehör bringt. Der wissenschaftliche Gattungsname *Pulsatilla* bedeutet ebenfalls Schelle oder Glocke (von lat. *pulsare* = anschlagen).

KUCKUCKsbiene – ein Leben ganz nach dem namensgebenden Vorbild

Den Kuckuck mit seinem unverwechselbaren Ruf kennt fast jedes Kind. Als Frühlingsbote ist er bei uns sehr geschätzt. Als einziger Vogel in unserer Fauna legt der Kuckuck als Brutparasit seine Eier einzeln in die Nester anderer Vogelarten, um seinen Nachwuchs ohne weiteres Zutun von den Wirtseltern ausbrüten und aufziehen zu lassen. Auch Kinder, die eine Menschenfrau mit einem anderen Mann zeugt, ihrem eigenen Mann aber „unterschob", werden als „Kuckuckskinder" bezeichnet. Und selbst unter Insekten kommen solche „Unterschiebereien" vor. Bei den Bienen gibt es eine ganze Reihe von Arten, die als Brutparasiten die Brutfürsorgeleistungen anderer Bienen ausnutzen. Diese „Kuckucksbienen" bauen keine eigenen Nester und verproviantieren keine Brutzellen. Vielmehr „schmuggeln" sie ihre Eier in die Brutzellen anderer solitärer, kommunaler oder sozialer Bienenarten. Dort entwickeln sich die Kuckucksbienen-Larven auf Kosten der Wirtslarven, indem sie das Wirtsei in der Brutzelle aussaugen oder die junge Wirtslarve töten, um anschließend deren Futtervorrat zu verzehren. Die erwachsenen Kuckucksbienen sind meist nur wenig behaart und sehr oft bunt gefärbt. Dagegen besitzen ihre Weibchen keine Pollentransporteinrichtungen. Normalerweise verteidigen Wirtsbienen ihr Nest gegen die eindringenden

Kuckucksbienen. Nur bei den als Kuckucksbienen agierenden Wespenbienen (Gattung *Nomada*) scheint zwischen Wirt und Parasit Friede zu herrschen.

Auch KUPFERstecher fertigen Holzschnitte

Was war das doch früher ein mühseliges Geschäft: Wollte man eine Abbildung drucken, benötigte man eine Druckplatte mit Vertiefungen, in die der Drucker seine Schwärze einrieb, um sie in der Druckerpresse auf Papier zu übertragen. Nach den Metallplatten, in die man seitenverkehrt die Darstellungen einritzte, erhielt ein ganzer Berufsstand seinen Namen: Kupferstecher waren gleichermaßen begabte Handwerker und Künstler. Das Bild von den Liniengravuren übernahm man für die seltsamen Fraßgänge, wie sie die Larven von Borkenkäfern im lebenden Holzgewebe anlegen – im Prinzip recht dekorative Muster, über die Forstleute sich dennoch nicht freuen können, denn bei Massenbefall überlebt der betreffende Baum nicht. Dem Kupferstecher, auch Sechszähniger Fichtenborkenkäfer genannt, gab Carl von Linné den wissenschaftlichen Namen *Pityogenes chalcographus* (von griech. *chalkos* = Kupfer und *graphein* = ritzen, schreiben). Eine andere Borkenkäferart, die allerdings recht wirre Ganglinien im Rindengewebe anlegt, nennt man Städteschreiber *(Polygraphus polygraphus)*. Vergleichen sie auch mit dem Buchdrucker (Seite 28).

LANDkärtchen – Flügeltopographie ohne Botschaft

Obwohl eine Landkarte ein vereinfachtes Bild der wirklichen Landschaft sein soll, erscheint sie zunächst einmal als vielteiliges Gefüge aus Flächen und Linien. Eine kleinmaßstäbliche Katasterkarte wirkt mit ihren vielen Flächenstücken und Grenzmarken wie das wirre Geäder eines Schmetterlingsflügels – oder umgekehrt: Die Flügelunterseiten des Landkärtchen(falter)s *(Araschnia levana)* sehen tatsächlich aus wie ein bunt angemalter Ausschnitt aus einer Flurkarte. Die hellen Flügeladern bilden das Wegenetz, die farbigen Flügelfeldern die Ackerparzellen. Interessanterweise gibt es beim Landkärtchen je nach Jahreszeit zwei völlig unterschiedliche Erscheinungsformen. Die Frühjahrsgeneration ist oberseits orangebraun und leicht schwarz gefleckt, die Sommergeneration dagegen im Grundton schwarz mit einzelnen cremeweißen Bändern. Fachleute sprechen in diesem Fall von Saisondimorphismus. Die Färbung der Unterseiten des Landkärtchens bleiben von der Oberseitenausfärbung so gut wie unberührt – sie sehen bei beiden Generationen nahezu identisch aus.

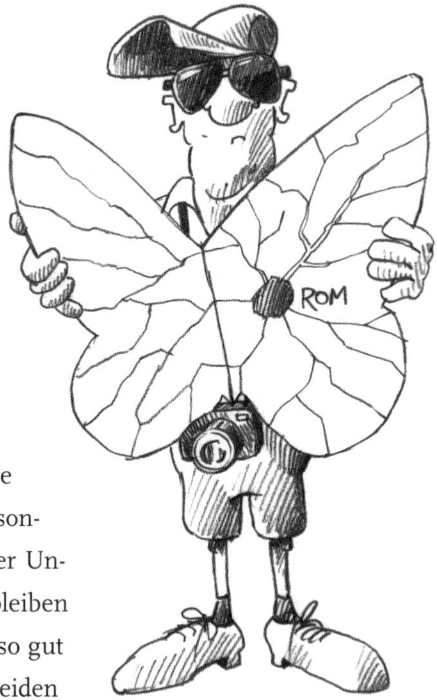

LANGOHR: Können Osterhasen fliegen?

Wegen der langen Ohren, auch Löffel genannt, bezeichnet man unseren Feldhasen gerne als „Meister Langohr“. So gar nichts mit dem Feldhasen gemein, der ja zur zoologischen Ordnung der Hasenartigen *(Lagomorpha)* zählt, hat ein

anderes, langohriges Säugetier. Etwa fünf bis elf Gramm leicht, kommt es auf häutigen Flügeln und etwa 25 Zentimeter Spannweite angeflattert. Wenn wir mehr als nur einen Schatten von diesem nächtlichen Flugobjekt wahrnehmen könnten, würden wir bei ihm an einen fliegenden Osterhasen erinnert werden. Weil die Ohren dieser Fledermaus mit über vier Zentimeter Länge fast so groß wie das restliche Tier sind, taufte man es „Langohr". Zwei Arten, das Braune und das Graue Langohr *(Plecotus auritus, P. austriacus)*, sind bei uns heimisch. Nachdem sie den Tag in Spaltenverstecken auf Dachböden, in Baumhöhlen oder Nistkästen verdöst und verschlafen haben, fliegen die Langohren meist erst bei Dunkelheit aus, um im langsam gaukelnden Flug oder rüttelnd vor Blattwerk und Wänden mittels ihrer gewaltigen Lauscher feinste Krabbelgeräusche der Beuteinsekten wahrzunehmen. Hat sich ein Falter verraten, wird er vom Langohr mit insektenfresserähnlich spitzen Zähnen gepackt, im Mund zum Fraßplatz getragen und dort genüsslich verspeist. Die ungenießbaren Flügel der erbeuteten Falter trudeln dabei zu Boden und bleiben dort oft als Hinweise auf die Vorzugsbeute dieser „fliegenden Osterhasen" liegen. Beim Schlafen, ob Tages- oder Winterschlaf in Höhlen und alten, feuchten Kellern, falten Langohren ihre Lauscher nach hinten und klemmen sie unter die Unterarme. Nur die Ohrdeckel stehen dann wie kleine Teufelshörner nach vorn und täuschen Öhrchen vor.

LATERNEnträger ohne Laterne

Früher gab es ihn in jeder Stadt, den Nachtwächter. Eine Laterne vor sich her tragend, zog er durch die dunklen Gassen, um jeweils zur vollen Stunde den Bewohnern zu verkünden, was die Stunde geschlagen hat. Als Laternenträger wird eine ganze Zikaden-Familie bezeichnet, von der bei uns nur eine Art heimisch ist, der Europäische Laternenträger *(Dictophora europaea)*. Er gehört den in den Tropen sehr artenreichen Laternenträgern an, von denen viele Vertreter geradezu gewaltige, manchmal körperlange Kopffortsätze besitzen. Als man sie entdeckte, glaubte man, dass es sich dabei um Leuchtorgane handeln würde. Ihren deutschen Namen Laternenträger wie ihren lateinischen Fulgoridae *(fulgur* = Blitz*)* tragen sie aber zu Unrecht. Das nachgesagte Leuchtvermögen ihrer laternenähnlichen Kopffortsätze hat sich als Märchen erwiesen. Und ganz so abenteuerlich wie seine tropische Verwandtschaft sieht unser grüner, manchmal auch rötlich gefärbter Europäischer Laternenträger ohnehin nicht aus. Sein Kopffortsatz ist einfach nur kugelförmig schräg nach oben gerichtet und erinnert weniger an eine Laterne, sondern eher an den Kopf von Kermit, dem Frosch aus der Muppet-Show. Kleiner als „Kermit" sind die Arten der Zwerg-Laternenträger aus dem Mittelmeerraum.

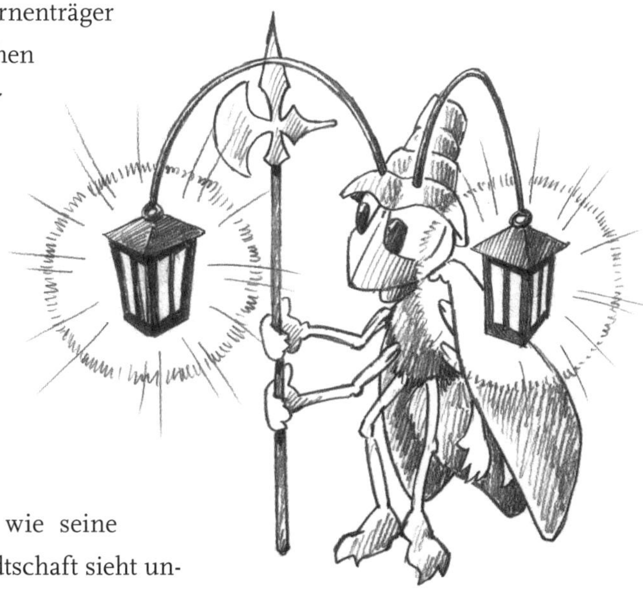

Kleiner Kräher – LILIENhähnchen

Mit Hühnern ist er nicht verwandt, der 0,6 bis 0,8 Millimeter kleine, rote Käfer mit dunklem Kopf und dunklen Beinen aus der Familie der Blattkäfer, Chrysomelidae. Von Blättern ernährt er sich dann auch ausschließlich. Käfer und Larven des Lilienhähnchens fressen an verschiedenen Liliengewächsen wie Türkenbundlilie, Maiglöckchen oder Lauch. Ab April tauchen sie daran auf, auch an unseren Gartenpflanzen, um in deren Blätter oder Knospen runde Löcher hineinzufressen, oder diese vom Rand her anzuknabbern. Ihre Eier legen sie einzeln oder in Gruppen an der Pflanze ab und beschmieren sie gleich mit ihrem Kot. Auch die daraus geschlüpften Larven zehren ganz von Lilien und umgeben sich dabei mit einer schleimigen, schützenden Kotschicht. Die ist für Vögel mit Interesse an Lilienhähnchen höchst ungenießbar.

Von der *Lilioceris*-Gattung Lilienhähnchen kommen bei uns drei Arten vor: *Lilioceris lilii, L. merdigera* und *L. tibialis.* Letzteres zeichnet sich durch dickere Fühler *(= tibialis)* und grob punktierte Flügeldecken aus und kommt nur im bayerischen Alpen- und Alpenvorland vor. Nach dreimonatiger Entwicklungszeit verpuppen sich die Lilienhähnchen-Larven in der Erde. Pro Jahr entwickeln sich meist zwei Generationen. Die geschlüpften Käfer suchen sich Verstecke, um ab April dann wieder an den Liliengewächsen zu fressen und von dort zu „krähen“. Bei Gefahr geben sie nämlich einen an das Krähen eines kleinen Hahnes (deshalb der Name Hähnchen!) erinnernden Zirpton ab, indem sie ihre Flügeldecken über eine auf dem Rücken liegende Kante reiben. Somit kräht es bei uns nicht nur vom Mist, sondern, je nach Vorliebe der verschiedenen Hähnchenkäfer-Arten, auch aus dem Kirschbaum (Kirsch-Blatthähnchen), aus Wildgraswiesen und Getreideschlägen (Getreideblatthähnchen), vom Spargel (Spargelhähnchen) oder von Lilien.

Wie bissig ist der LÖWENzahn?

Ein Hingucker ist die blühende Fettwiese allemal, wenn sie im Frühjahr in einer Symphonie von sattem Gelb versinkt, aber Massenvorkommen von Löwenzahn zeigen Überdüngung an und sind für die Artenvielfalt nicht sehr vorteilhaft. Wenig später ist die Farborgie gelaufen und die Wiese ergraut, denn die leuchtenden Blütenköpfe haben sich jetzt zu fruchtenden Pusteblumen fortentwickelt. Blütenkopf und Pusteblume haben zwar ihre Haken und Spitzen, aber wo sind die Löwenzähne? Vermutlich fühlte sich jemand angesichts der sehr unregelmäßig gezackten Blattränder an die Silhouette eines eindrucksvollen Löwengebisses erinnert und hat den Eindruck im Namen verewigt. Der existiert schon sehr lange und taucht ähnlich in fast allen europäischen Sprachen auf: Das englische „dandelion“ ist nichts anderes als die Verformung des französischen „dent de lion“.

In der heimischen Flora gibt es noch eine Pflanzengattung mit Löwenzahn-Zitat nach der Blattform: *Leontodon* ist die altgriechische Übersetzung von Löwenzahn. Zur besseren Unterscheidung

nennt man die im Frühsommer blühenden *Taraxacum*-Formen auch Kuhblume und den erst ab Spätsommer auftretenden *Leontodon* einfach nur Herbstlöwenzahn.

Nahezu unfassbar: MANNstreu

Disteln gelten nicht gerade als besonders handschmeichlerische Pflanzen, denn ihre Stängel und Blätter sind richtige Stachelfestungen und vermitteln beim herzhaften Zupacken das Gefühl vielfacher Akupunktur. Diese Erfahrung hat sich auch auf distelähnliche Pflanzen übertragen, die ganz anderen Verwandtschaften angehören, beispielsweise auf die dekorative Stranddistel *(Eryngium maritimum)*, die zu den Doldenblütengewächsen gehört. Ihre nächsten Verwandten sind die zur gleichen Gattung gestellten Mannstreu-Arten, beispielsweise die Art Feld-Mannstreu *(E. campestre)*, die sich ungefähr so handschmeichlerisch anfühlt wie ein gespicktes Nadelkissen. Dieser Pflanzenname treibt mit Entsetzen Spott: In der Lesart Mann-Streu deutet man ihn als Bettstreu des Mannes, der spätabends aus der Kneipe (oder von der Freundin ...) nach Hause kommt und in seinem Lager die vielborstige Rache seiner Ehefrau vorfindet. Die Deutungsvariante Manns-Treu(e) bzw. Männertreu funktioniert bei *Eryngium* dagegen nicht. Sie betrifft eher Pflanzenarten wie den Gamander-Ehrenpreis *(Veronica chamaedrys)* oder das Frühlings-Gedenkemein *(Omphalodes verna)*, deren Blüten bei der leisesten Erschütterung vom Stängel fallen.

MARIENkäfer – nützliches Glückssymbol

Wohl kein zweiter Käfer erfährt so viel Sympathie wie der Marienkäfer. Kinder und Erwachsene freuen sich über den putzigen Glücksbringer. An den schwarzen Punkten auf den Flügeldecken – von zwei bis 22 an der Zahl – können wir zwar nicht das Alter, wohl aber die Artzugehörigkeit der Käfer bestimmen. Allein bei uns gibt es über 70 Marienkäfer-Arten. Weltweit leben über 4000 Arten dieser meist rundlichen, rot-schwarz, gelb-schwarz oder braun-schwarz gefärbten Käfer. Doch was wir als hübsch empfinden, soll den Fressfeinden der Marienkäfer ihre Ungenießbarkeit signalisieren. Wenn die Warntracht zum Abschrecken nicht ausreicht, verderben erschreckte Marienkäfer ihren Angreifern den letzten Appetit, wenn sie aus ihren Beingelenken eine übel riechende, gelbliche Flüssigkeit ausscheiden. Erwachsene „Glückskäfer" bringen vor allem den Gartenfreunden Glück. Die Feinschmecker verzehren wie ihre warzigen oder stacheligen Larven bevorzugt Blattläuse. Das positive Denken beim Anblick des Marienkäfers hat lange Tradition. Sein Name stammt aus dem Mittelalter, wo man ihn mit der Jungfrau Maria in Verbindung brachte und „Käfer unserer Lieben Frau" nannte. Heute zieren Siebenpunkt und Co. eher Glückwunschkarten – und besonders schmackhaft, weil stark vergrößert und innen aus Schokolade – die Theken in Konditoreien.

MÄUSEschwänzchen – Nackt, grün und aufgerichtet

Die meisten heimischen Mäuse-Arten haben nahezu körperlange Schwänze, die im Gegensatz zu anderen Nagetieren wie Eichhörnchen, Murmeltier und Siebenschläfer unbehaart bleiben und stattdessen von zahlreichen kleinen Schuppen bedeckt sind. So sieht er auch bei den Kurzschwanzmäusen aus, beispielsweise bei Rötel- und Feldmaus, oder bei den skandinavischen Lemmingen.

Das Gleiche in Grün liefert die Blüte des Mäuseschwänzchens *(Myosurus minimus)*, einer zu den Hahnenfußgewächsen gehörenden kleinen Ackerwildkrautart, die in jüngerer Zeit relativ selten geworden ist. Die allenfalls fingerhohe Pflanze entwickelt lang gestielte Einzelblüten, in denen die etwa 50 dachziegelartig-schuppig arrangierten Fruchtknoten eine schlanke, zentrale Säule bilden. Zur Fruchtreife streckt sich das Gebilde noch ein wenig und sieht dann in Länge und Durchmesser erst recht mäuseschwanzartig aus. Der wissenschaftliche Gattungsname (von griech. *mys* = Maus und *oura* = Schwanz) ist die exakte Übersetzung dieses Bildeindrucks.

Gar nicht mausig – das MAUSOHR

Der deutsche Name der Säugetier-Ordnung zeigt, was Menschen beim Anblick von Fledermäusen dachten: „Da kommt uns eine geflügelte Maus entgegen." Doch mit reinen Äußerlichkeiten endet auch schon die Beziehung zwischen Mäusen und Fledermäusen. Einmal davon abgesehen, dass beide Säugetiere und viele Arten klein und braun- oder grau bepelzt sind, hören deren Gemeinsamkeiten auch schon auf. Während die Echten Mäuse eine Familie innerhalb der artenreichen Säugetier-Ordnung der Nagetiere bilden, gehören die Fledermäuse einer eigenen Ordnung an, die der Fledertiere oder Handflügler (Chiroptera). Wer nicht nur vom Fell her, sondern auch noch wegen seiner Ohren an eine Maus erinnert, braucht sich nicht wundern, wenn er Mausohr genannt wird. *Myotis myotis*, das Mausohr, ist unsere größte heimische Fledermausart. Auch in punkto Geselligkeit sind Mausohr-Weibchen bei uns kaum zu schlagen. Im Sommer bilden sie Kolonien mit bis zu 2000 Tieren und ziehen in diesen „Wochenstuben", meist auf ungestörten, großen Dachböden, ihre Jungen gemeinsam groß. Und spätestens beim Jungenkriegen und -aufziehen sind Fledermäuse überhaupt nicht „mausig". Während Mäuse sehr viele Kinder in kurzen Abständen produzieren, setzen Fledermäuse eher auf das „Wenig-Kind-Modell". Die Fledermaus-Weibchen, so auch das Mausohr, investieren ganz in die aufwendige Betreuung viel umsorgter Einzelkinder, nur gelegentlich kommen noch Zwillinge vor.

MISTbiene – Vorliebe für Anrüchiges

„Du Mistbiene" hat schon mancher gedacht oder ausgerufen, dabei aber ein aufrecht gehendes, zweibeiniges Wesen und nicht etwa ein geflügeltes Objekt gemeint. Sie existiert tatsächlich, die Mistbiene *(Eristalis tenax)*. Bei der „Echten" handelt es sich um eine sehr bienenähnliche Schwebfliege, die dunkelbraun gefärbt und mit zwei großen, gelbroten Flecken an den Seiten ihres zweiten Hinterleibssegmentes verziert ist. Von allen heimischen Schwebfliegen-Arten ist die Mistbiene wohl die häufigste. Als regelmäßige Blütenbesucher tauchen Mistbienen überall dort auf, wo gerade was blüht. Dass sie als Einzige unter den Schwebfliegen einen Volksnamen tragen, ist bei dem Namen ein eher zweifelhaftes Privileg. Bei der Vorliebe für Anrüchiges ist der Name „Mistbiene" dennoch passend. Weibliche Mistbienen werden nämlich von Misthaufen und Jauchegruben geradezu magisch angezogen. In dem dreckigen, stinkenden Milieu, in dem kaum noch andere Tiere existieren können, leben die Larven, indem sie mit ihren strudelnden Mundwerkzeugen die schwimmenden, zahlreichen Nahrungsteilchen herbeibefördern. Zum Atmen haben Mistbienen-Larven eine spezielle „technische Innovation“ entwickelt, die ihnen den Namen „Rattenschwanz-Larve“ einbrachte. Am Hinterende der etwa zwei Zentimeter langen, weißlichen Larve befindet sich ein Atemrohr, das aus drei ineinander geschobenen Teilen besteht und bis auf zehn Zentimeter Länge ausgefahren werden kann. Wenn dann die lange Röhre mit den beiden Atemöffnungen am Ende an der Wasseroberfläche liegt, besser aus der Jauchebrühe herausschaut, erinnert das Organ schon frappierend an einen Rattenschwanz. Acht Borsten am Ende der Atemröhre, die sich auf das Oberflächenhäutchen der Pfütze legen, schützen die beiden Atemöffnungen vor Benetzung. Zur Verpuppung verlässt die „Rattenschwanz-Larve“ auf sieben Paar Kriechhöckern ihr „Wasser“, um sich an einem verborgenen Ort in der Nachbarschaft zur Mistbiene zu verwandeln. Wenn die Rattenschwänze ihr Nährgewässer verlassen haben, ist es sauberer als zuvor. Durch Filtern der schmutzigen, nährstoffreichen Brühe haben sie nämlich zur Abwässerklärung beigetragen. Womit „Mistbiene“ weniger beleidigend als eher ein Beitrag zum Umweltschutz wäre.

MÖNCHspfeffer – gegen die Last mit der Lust

Obwohl der zu den Eisenkrautgewächsen gehörende Strauch *Vitex agnus-castus* im Mittelmeergebiet zu Hause und nördlich der Alpen klimatisch überfordert ist, trägt er gleich zwei deutsche Namen – außer Mönchspfeffer heißt er auch noch Keuschlamm (= wörtliche Übersetzung des lateinischen *agnus castus*). Damit ist eine Namendeutung in Blickrichtung christlicher Vorstellungen vorgezeichnet. Zusammen mit anderen Arten aus dem warmen Süden, darunter vor

allem Heil- und Gewürzpflanzen, kultivierte man sie schon im Mittelalter in den Klostergärten. Mönche versuchen, ein weltabgewandtes Leben nach strengen religiösen Ordensregeln zu führen. Da sie als irdische Wesen dennoch von dieser Welt sind, gibt es fallweise Probleme mit den Hormonen bzw. Konflikte mit der Sexualität. Nun schmecken die rotschwarzen Steinfrüchte des Mönchspfeffers ziemlich scharf und wurden tatsächlich wie Pfeffer verwendet. Gleichzeitig sollen sie schon allein mit dieser Geschmackserfahrung den Geschlechtstrieb dämpfen. Bereits der spätantike Arzt Galenos empfiehlt sie daher als Gefühlsbremse, gleichsam eine Art Antiviagra. In der Bezeichnung Mönchspfeffer schwingt somit ein wenig mitleidige Boshaftigkeit.

Die Last mit der Lust ist außerdem Thema des wissenschaftlichen Artzusatzes, der sich vom griechischen *agneucin* = keusch sein ableitet. Wegen der Form- bzw. Lautähnlichkeit mit dem lateinischen *agnus* ließ sich kurzerhand die Verbindung zum christlichen Symbol vom keuschen Lamm herstellen. Passend dazu wäre auch der Gattungsname *Vitex* (lat. *vita* = Leben, *ex* = aus, heraus) als klarer Hinweis darauf zu verstehen, dass der Gebrauch der Pflanze aus jeglicher sexueller Stimulation die Luft rauslässt.

MONDVOGEL – ein Mond als Tarnung

Natürlich ist der Mondvogel weder ein bei Mondschein, noch zum Mond fliegender, geschweige denn auf dem Mond beheimateter Vogel. *Phalera bucephala* ist vielmehr ein Nachtfalter aus der Familie der Zahnspinner (Notodontidae), genannt nach einem zahnartigen, beschuppten Fortsatz, der bei den ruhenden Faltern meist deutlich erkennbar ist. Namensgebend für den Mondvogel ist ein großer, runder, gelber Fleck an der Spitze der Vorderflügel. Dieser „Mondfleck" dient jedoch keineswegs zum Auffallen, sondern der Tarnung. Der Mondvogel setzt sich gerne an abgestorbene Äste. Mit seinen, dicht an den Körper gelegten, grauen Vorderflügeln und dem gelben Mondfleck an deren Ende, springt er jetzt weder uns, noch einem Vogel ins Auge, sondern gleicht verblüffend einem abgebrochenen Zweig. Seine Eier legt der Mondvogel an die Blattunterseite der Futterpflanzen (Eiche, Birke, Buche, Linde, Salweide und andere Laubgehölze). Die halbkugeligen Mondvogel-Eier sind mit einem schwarzen Punkt gezeichnet und glotzen uns wie Augen an.

MORDwanze – keine Verbrecherin

Wer so heißt sollte unter den Seinen durch sehr unangenehme Eigenschaften auffallen. *Rhinocoris iracundus* wird sie mit wissenschaftlichem Namen bezeichnet. Sie trägt sogar zwei unterschiedliche deutsche Namen: Zornige Raub- und Rote Mordwanze, beide nicht gerade schmeichelhaft. Dabei steht das 1,4 bis 1,7 Zentimeter große Tierchen überhaupt nicht isoliert da. Immerhin gibt es bei uns zehn Raubwanzen-Arten. Weltweit existieren sogar über 3000 Vertreter aus der Raubwanzen-Familie (Reduviidae). Alle haben einen vorgestreckten, ziemlich beweglichen Kopf mit einem gebogenen, dreigliedrigen Rüssel. Als Lautapparat fungiert eine quer geriefte Rille zwischen den Vorderhüften. Bei Störungen bewegen Raubwanzen ihre Rüsselspitze über die Rinne und erzeugen so zirpende Geräusche. Im Gegensatz zur Blattwanzen-Verwandtschaft ganz räuberisch von Insekten lebend, sind die Raubwanzen-Vorderbeine zu richtigen Fangbeinen ausgebildet. Aber wer andere Tiere jagt und verspeist, ist noch lange kein Mörder. Schließlich ist Töten zum Nahrungserwerb kein Mord. Und wer rot gefärbt ist wie die Mordwanze, braucht noch lange nicht zornig sein. Offensichtlich haben Aussehen und Nahrungserwerb dieser schwarz gefleckten Raubwanzenart zur Diskriminierung als Zornige Mordwanze ausgereicht.

MURMELtier: Weder pfeifen noch murmeln

Unsere größten heimischen Nager – sie werden immerhin bis acht Kilogramm schwer – sind die Murmeltiere. Sie leben in den Alpen oberhalb der Baumregion und in kleinen Gruppen auch in den Pyrenäen und Karpaten. Den eisigen Bergwinter verbringen die Tiere im Winterschlaf – ganze sieben Monate lang. Schlafen wie ein Murmeltier ist ein eindeutiger Vergleich. Murmeltiere leben in ausgedehnten Siedlungen. Wenn ihnen etwas nicht ganz geheuer vorkommt, warnen sie ihre Nachbarn mit einem scharfen Signal – und sofort ist die gesamte Mannschaft unter Deck. Was sich wie ein Pfiff anhört, ist tatsächlich ein schriller Schrei, denn er entsteht nicht zwischen den Zähnen, sondern in der Kehle. Murmeln hat man die Murmeltiere aber noch nie gehört. Der schon im Althochdeutschen nachweisbare Name *muremunto* geht auf die noch ältere lateinische Bezeichnung *mus montis* = Bergmaus zurück, und deren Akkusativform *murem monti* hat sich im Neuhochdeutschen zum Namensbestandteil Murmel verschliffen.

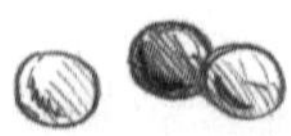

NACHTschatten – bei Licht betrachtet

Im Schatten der Nacht läuft so manches ab, was das Licht des Tages scheut. Nach früher verbreitetem Volksglauben gehören dazu auch die sagenhaften Hexenritte. Diese frühe Form der Luftfahrt waren vermutlich handfeste Rauschgifttrips. Spätestens im Mittelalter war die berauschende Wirkung von Bilsenkraut, Stechapfel, Bittersüß und Tollkirsche bekannt – allesamt weniger gut beleumundete Pflanzen, die man heute zu der (in fast allen europäischen Sprachen vergleichbar benannten) Familie der Nachtschattengewächse stellt. Die Zubereitung von höllisch gefährlichen Salben aus solchen Giftpflanzen war schon immer ein Tabu und somit ein recht zwielichtiges Tun. „Nachtschattengewächs“ ist bis heute ein regional gebrauchtes Schimpfwort für eine (meist weibliche) Person mit (überwiegend) nächtlichem Betätigungsfeld. Rein botanisch betrachtet, sind die Nachtschattengewächse genauso wie alle anderen Pflanzen auf reichlich Licht angewiesen und wachsen keineswegs bevorzugt an dumpfen, moderigen oder dämmrigen Stellen.

NADELSPITZ – nicht ganz passend

Der/die Nadelspitz *(Ocinebrina aciculata)* gehört zu den Stachelschnecken (Muricidae). Sie und ihre weitere Verwandtschaft, einschließlich der Muscheln, waren wegen ihrer ebenso ästhetisch schönen, oft ungewöhnlichen und immer haltbaren Gehäuse beliebte Sammler- und Forschungsobjekte. Kein Wunder, dass man vielen Arten sehr blumenreiche Namen verpasste. Doch die sind auf den ersten Blick nicht immer zutreffend. Zwar hat die Nadelspitz-Schnecke eine schmalspindelförmige Gestalt, „nadelspitz“ ist sie jedoch keineswegs. Nur im Vergleich mit den anderen Arten ihrer Gattung *Ocinebrina*, die sich durch bauchig-spindelförmige Gehäuse mit breiten Axialwülsten sowie darüber laufenden Spiralstreifen auszeichnen und deshalb Wulstschnecken genannt werden, ist die rotbraune *aciculata* schmaler, mit schwach ausgebildeten Axialwülsten und einheitlich schmalen Spiralstreifen. Wenn dieser Muschelräuber im Flachwasser von Atlantik, Nordsee oder Mittelmeer gefunden wird, fällt er zumindest für sachkundige Malakozoologen (Weichtierkundler) aus dem üblichen Rahmen der „bauchbetonten“ Wulstschnecken. Womit sein Name „Nadelspitz“ schon fast wieder verständlich wäre.

Mit der NASE am Boden Ihre weit hervorragende, stumpfe Schnauze hat der Nase *(Chondrostoma nasus)* ihren Namen eingebracht. Immerhin ist die nasenähnliche Schnauze dieses Süßwasserfisches der Äschen- und Barbenregion von Fließgewässern so charakteristisch, dass sie auch zu seinem wissenschaftlichen Artnamen wurde. Die Schwarmfische halten sich meist in Bodennähe an flach überströmten Kiesbänken auf. Dort richten sie ihre Nase (Schnauze) gen Boden, um Algen an Steinen oder Kleintiere aufzunehmen.

NATTERNkopf – einladende Drohgebärde Die ungiftigen Nattern (zum Beispiel die Ringelnatter) gelten im Gegensatz zu den giftigen Ottern (beispielsweise Kreuzotter) als harmlos, aber kräftig zubeißen können sie dennoch. An ein weit geöffnetes und ein wenig bedrohlich aussehendes Schlangenmaul erinnern die Blüten des schmucken Natternkopfs *(Echium vulgare)*, einer an Bahndämmen und in Steinbrüchen häufigen Pflanze aus der Familie der Raublattgewächse. Vor allem wenn man die zweilippig ausgebildete Blütenkrone von der Seite anschaut, wird die Kopfähnlichkeit deutlich. Nicht einmal die gespaltene Schlangenzunge fehlt, denn die wird vom weit vorragenden langen Griffel und den Staubblättern beigesteuert. Die Pflanze entwickelt einen sehr reichblütigen Blütenstand, dessen Einzelblüten im Laufe ihrer Betriebszeit einen bemerkenswerten Farbwechsel von Rötlich nach Blauviolett vollziehen. Nur die rötlichen Blüten werden heftig von Bienen angeflogen, und zwar meist erst nach 15 Uhr, weil die Nektarproduktion tagesrhythmisch erfolgt. Das weit geöffnete „Schlangenmaul“ der Blüte ist passenderweise genau so bemessen, dass eine Honigbiene geradezu optimal hineinpasst.

Glatt und glänzend: NATTERNzunge

Einen Farn stellt man sich landläufig als kräftige Pflanze mit aufrechten, großen und „farnlaubartig“ gegliederten Blättern vor. Nicht alle heimischen Farne entsprechen diesem eingängigen Bild. So schert auch die Natternzunge *(Ophioglossum vulgatum)*, eine finger- bis handlange Art feuchter Wiesen, aus dieser Vorstellung aus. Die Pflanze besteht aus einem ganzrandigen, glänzend grünen Blatt und einer unverzweigten, aufrechten Ähre aus dicht stehenden Sporenbehältern, die wie die Verlängerung der Sprossachse aussieht. Tatsächlich sind der Flächenabschnitt und die gelbgrüne Sporangienähre zwei äußerst gestaltverschiedene Bestandteile des gleichen Blattes. Nur die schlanke, zugespitzte Sporangienähre hat den Vergleich mit einer Schlangenzunge herausgefordert (griech. *ophios* = Schlange, *glossa* = Zunge), was sich im wissenschaftlichen Gattungsnamen widerspiegelt. Allerdings haben die Namengeber nicht ganz genau hingesehen, denn eine richtige Schlangenzunge ist gabelig geteilt.

Löcher im Kopf: NEUNauge

Früher stellte man sie zu den Fischen, obwohl sie eher Schlangengestalt haben. In der modernen biologischen Systematik bilden die Neunaugen innerhalb der Wirbeltiere jedoch eine Klasse für sich. Rundmäuler oder Kieferlose heißen sie, weil sich ihr Mund nicht klappig öffnet wie bei allen anderen, sondern eher an eine kreisrunde Schlauchöffnung erinnert. Damit hängen sie sich an Knochenfische, raspeln die Fischhaut auf und saugen deren Körperflüssigkeiten ein. Einige Arten ernähren sich auch von Aas. Nach dem Nasenloch und dem Auge, die zwei Kopföffnungen darstellen, folgen beidseits an der Kopfflanke sieben runde Kiemenöffnungen –

offen und frei zugänglich, weil kein Kiemendeckel entwickelt ist. Wenn man die Tiere bei ungünstigem Licht im leicht getrübten Wasser sieht und nicht genau hinschaut, könnte man die Löcherserie im Vorderkörper tatsächlich für Augen halten.

NEUNTÖTER – eiskalter Würgeengel?

Wer Neuntöter, Dorndreher, Dornhäher oder sogar Würgeengel heißt, kann nicht mit allzu viel Sympathie rechnen. Seine Angewohnheit, Insekten, kleine Vögel oder Mäuse nach dem Erbeuten auf Dornen, kleine, spitze Zweige – ersatzweise auch auf Stacheldraht – zu spießen, wurde ihm als pure Mordlust ausgelegt. Man glaubte, dass der Neuntöter erst mindestens neun Tiere töten müsse, bevor er Nahrung aufnehmen könne. So galt es noch bis Anfang des letzten Jahrhunderts als Beitrag zum Vogelschutz, wenn man dem „mordlustigen" Vogel nachstellte. Zusammen mit seinen über 60 Verwandten, die über die Alte Welt, Nordamerika und Mexiko verbreitet sind, wird der Neuntöter zu der zoologischen Familie der Würger gezählt. Ein typisches Verwandtschaftsmerkmal dieser Singvogelfamilie mit dem gefährlich klingenden Namen ist ein reißzahnartiger „Falkenzahn" am Oberschnabel, ähnlich wie ihn die Greifvögel besitzen. Bei uns ist die Würgersippe mit den Arten Raubwürger, Rotkopfwürger, Schwarzstirnwürger und schließlich dem Neuntöter als der am weitesten verbreiteten Art vertreten. Als ausgeprägte Langstreckenzieher überwintern Neuntöter südlich des Äquators im tropischen Ostafrika und treffen bei uns recht spät in der ersten Maihälfte ein. Da ihre Sommersaison in unseren Breiten nur drei bis vier Monate dauert und die Neuntöter im August, spätestens im September wieder ins Winterquartier ziehen, haben es die Vögel mit dem Brutgeschäft ziemlich eilig. Sofort nach dem Eintreffen im Brutgebiet besetzen die Neuntöter-Männchen ein Revier und machen durch Gesang und Balzflüge den Weibchen den Hof. Am liebsten im dichten Dorngebüsch oder in kleinen Bäumen in der halb offenen Kulturlandschaft errichten sie ihr Nest und ziehen darin die fünf bis sechs Jungen groß. Auch wenn gelegentlich Mäuse, Lurche und Eidechsen – vielleicht mal ein Singvogel – den Speisezettel der Neuntöter-Familie bereichern, besteht ihre Hauptnahrung aus Insekten. Von einer Ansitzwarte aus machen Neuntöter Jagd auf Käfer, Schmetterlinge oder Wespen. Viele Insekten werden im Flug erbeutet. Das gelegentliche Aufspießen der Beute auf Dornen oder auch das Einklemmen zwischen Zweigen, hat mit „Mordlust" überhaupt nichts zu tun. Es ist einzig und allein eine Art Vorratswirtschaft: Wenn der Neuntöter bei günstigem Wetter leicht zum Jagderfolg kommt, legt er für sich und seine Familie eine „Fleischbank" als Vorrat für schlechte Tage an. Womit der „eiskalte Würgeengel" als Vogel mit „Weitsicht" und „Familiensinn" rehabilitiert wäre!

NONNE – Forstschädling in Klostertracht

Die Nonne *(Lymantria monacha)* ist ein weit verbreiteter Nachtschmetterling aus der Familie der Träg- oder Schadspinner (Lymantriidae). Die Falter sind normalerweise weiß gefärbt und tragen ein schwarzes Zickzackmuster auf ihren Flügeln. Seit einem halben Jahrhundert kommen unter ihnen häufiger Formen vor, bei denen die weiße Grundfarbe schwärzlich verfärbt ist. Meist sind davon die Männchen betroffen. Den Extremfall dieser Entwicklung stellen Tiere mit völlig schwarzen Vorderflügeln dar, bei denen von einem Zeichnungsmuster nichts mehr zu erkennen ist. Trotz ihres klerikalen Namens, den sie wegen ihrer an die Kleidung der Nonnen erinnernde schwarz-weiße Färbung trägt, galt die Nonne früher als der schlimmste Forstschädling in mitteleuropäischen Nadelwäldern. Dass die schwarz-weiße Zeichnung namensgebend war, beweist eine andere Schmetterlingsart. Bei *Panthea coenobita*, der Klosterfrau, sind Flügel und Körper ebenfalls weiß mit kontrastreich abgesetzten Binden und Flecken. Darin ist die Klosterfrau der Nonne recht ähnlich, außer dass letztere über breitere und etwas anders gezeichnete Flügel verfügt.

NUSSknacker – nicht aus Holz geschnitzt

Nussknacker, Nussbicker, Nussbrecher, auch Haselnussvogel oder Holzkrähe wird er genannt, der Tannenhäher aus der Familie der Rabenvögel. Auch sein wissenschaftlicher Name *Nucrifaga caryocatactes* spielt auf zwei Vorlieben an: Der Vogel sucht Nüsse, um sie zu knacken (*Nucifraga* = Nussknacker, von *nux* = Nuss und *fragor* = zerbrechen/knacken), sammelt sie aber auch (*caryocatactes* = Nusssammler, von *karyon* = Nuss, *kataktomai* = erwerben/sammeln). Der etwa eichelhähergroße Tannenhäher hat ein schokoladenbraunes Gefieder, das außer am Oberkopf mit weißen, tropfenförmigen Flecken übersät ist. Nadel- und Mischwälder in Nordeuropa oder in mitteleuropäischen Gebirgslagen mit Vorkommen großsamiger Kiefern-Arten sind Nussknackers Lebensraum. Neben Sämereien verzehren Tannenhäher im Sommer aber auch Insekten und andere Kleintiere und entpuppen sich damit wie ihre Verwandtschaft als echte Allesfresser. Eine Eigenschaft ist bei ihnen jedoch besonders ausgeprägt und für ihr Zurechtkommen in den langen Bergwintern mit hohen Schneelagen wohl überlebensnotwendig: Tannenhäher sammeln reife Haselnüsse und Zirbelkiefersamen in ihrem Kehlsack, um sie anschließend in Verstecken im Boden oder in Baumkronen hinter Flechtenpolstern zu deponieren. Selbst bei hohen Schneelagen finden die Nusssammler ihre Bodenverstecke noch mit 80-prozentiger Sicherheit, um anschließend dem Namen Nussknacker gerecht zu werden. Doch auch die vergessenen Samen tragen später noch Früchte. Für den Zirbelkieferbestand sind Tannenhäher von entscheidender Bedeutung. Wahrscheinlich geht der gesamte Jungwuchs abseits von fruchtenden Altbäumen einzig und allein auf vergessene Samenvorräte des Nussknackers zurück, den man in der Steiermark deshalb auch „Zirbenheher“ nennt.

OHRwurm – Ökogärtners Hit

Mit diesem Ohrwurm ist nicht der aktuelle Hit gemeint, der von allen Radiostationen täglich so lange herauf und herunter abgespielt wird, bis er uns bald nicht mehr aus dem Ohr geht. Der echte Ohrwurm ist ein zehn bis 15 Millimeter langes, äußerst wuseliges Insekt, dessen gefährlich wirkende Zangen am Hinterleib ihm die Zweitnamen Ohrkneifer, in Frankreich perce-oreille (Ohrstecher) einbrachten. Die Engländer nennen ihn einfach earwig (Ohrkäfer). Womit die Zwangsvorstellung, dass das Tier menschliche Ohren aufsucht, offensichtlich ein europäisches Phänomen ist. Nachdem aufgestörte Ohrwürmer sich fluchtartig in jede kleine Ritze und

Spalte quetschen, ist nicht auszuschließen, dass auch schon mal ein Menschenohr einem Ohrwurm als wenig geeignete Fluchtburg diente. Mit seinen Zangen hat er darin aber gewiss keinen Schaden angerichtet. Bei denen handelt es sich weniger um Kneifwerkzeuge als vielmehr um vielseitig einsetzbare Präzisionspinzetten. Mit ihnen halten Ohrwürmer größere Insekten fest, um sie vor dem Verspeisen mit einem gezielten Biss der Mundwerkzeuge zu töten. Der Ohrwurm-Mann bringt mit seinen größeren Zangen zudem die Partnerin vor der Paarung in die richtige Position. Und schließlich werden mit Hilfe dieser zu Zangen umgewandelten Schwanzanhänge (Cerci) die unter den kurzen Flügeldecken verborgenen und kompliziert zusammengelegten Flügel vor dem Start entfaltet. Heute ist der Ohrwurm als Verzehrer von Blattläusen und anderen Pflanzenschädlingen Ökogärtners Liebling, für den man schon mal Ohrwurmhäuschen als Luxusappartements aufhängt. Selbst wenn *Forficula auricularia* außer an Blattläusen gelegentlich auch an zarten Pflänzchen und Früchten nascht.

Ein **ORDEN**sband, das an keinem Anzug steckt

Wer einen Orden verliehen bekommt, der darf als Zeichen dieser Würdigung ein Ordensband am Revers seines Anzugs tragen, das in unterschiedlicher Farbstreifung den Orden anzeigt, den sein

Träger besitzt. Das Rote, Gelbe, Blaue oder Braune Ordensband wird sich jedoch kaum an menschliche Jackets oder Blusen verirren. Das sind nämlich alles Nachtschmetterlinge aus der Familie der Eulenfalter (Noctuidae). Während ihre Vorderflügel braungrau schattiert und ganz auf Tarnwirkung ausgerichtet sind, tragen die dunklen Hinterflügel bunte Bänder, die an Ordensbänder erinnern und den Faltern den Namen gaben.

PAPIERboot – schön in der Schwebe bleiben

Bestimmt können Sie das auch noch: Mit wenigen Knicken lässt sich ein Blatt Papier zum Segelboot falten. Das Ding schwimmt sogar, wenn auch oft mit deutlicher Schlagseite. Gegen dieses simple nach Origami-Technik gefertigte Faltboot ist das im Mittelmeer vorkommende Papierboot *(Argonauta argo)* ein wahres Kunstwerk. Hinter der papierdünnen, aber aus Kalk bestehenden Konstruktion steht das Weibchen eines achtarmigen Tintenfischs – es fertigt das bis 25 Zentimeter lange, elegant spiralig gewundene und einkammerige Tauchboot mit zwei seiner Arme. Diese Schale ist also den Gehäusen der fossilen Ammoniten nicht vergleichbar. In seinem Papierboot driftet das Tier gemächlich durch das Mittelmeer – wie einst die Argonauten der griechischen Sage auf der Suche nach dem Goldenen Vlies.

Die Männchen hingegen sind bei *Argonauta* nur etwa zentimetergroß und schwimmen frei ohne Tauchboot. Die Begattung der ungleich

größeren Weibchen vollzieht sich unromantisch, aber dennoch spektakulär: Die Männchen beladen ihren dritten linken Arm mit den Geschlechtszellen, trennen ihn ab und schicken ihn im gemeinsamen Verbreitungsgebiet allein als „cruise missile" zu einem Weibchen. In dessen Mantelhöhle sammeln sich eventuell mehrere solcher „Wurfsendungen". Früher hatte man deren biologische Mission gar nicht verstanden und sie als parasitische Würmer beschrieben.

Mit geistlichem Akzent: PFAFFENhütchen

Im Frühsommer ist dieser heimische Strauch *(Euonymus europaea)* völlig unauffällig, denn seine kleinen grünweißen Blüten sieht man kaum. Im Frühherbst ändert sich das Erscheinungsbild dagegen beträchtlich: Unübersehbar karminrot färbt sich nun die vierteilige Kapsel. In ihrer Formgebung sieht sie aus wie ein stark verkleinertes Barett, der früher üblichen Kopfbedeckung der Amtstracht katholischer Geistlicher – eben ein Pfaffenhütchen. Die kräftige Ausfärbung würde dagegen eher zum farbenfrohen Auftritt eines Bischofs passen. Dieser Fruchtschmuck ist sogar von gewisser Dauer, denn die Früchte bleiben als Wintersteher bis zum nachfolgenden Frühjahr am Gezweig, um von den zurückkehrenden Zugvögeln konsumiert zu werden. Das Pfaffenhütchen nennt man auch Spindelbaum, weil man früher aus seinem extrem harten Holz die Spindeln von Spinnrädern, die Schiffchen von Webstühlen oder anderes Holzwerkzeug fertigte, das mechanisch stark beansprucht wurde.

Aufregende Augenblicke: PFAUenaugen

Wenn ein Pfau über den Hof stolziert und sein Rückengefieder zum Rad ausbreitet, blicken dich Dutzende Augen an: Im vorderen Abschnitt der dekorativen Konturfedern ist mit metallisch wirkenden Strukturfarben ein beeindruckendes Augenmotiv aufgetragen – Imponiergehabe pur. Solche Augenzeichnungen finden sich auch bei einigen heimischen Schmetterlings-Arten und sind sogar Namensmerkmal vom Tag- *(Inachis io)*, Abend- *(Smerinthe ocellata)* und Nachtpfauenauge *(Eudia pavonia)* – Pfauenaugen also rund um die Uhr.

Während Tiere mit Mimese tarnende Signale verwenden, die sie unauffällig erscheinen lassen wie beispielsweise die Raupe im Zweigstück-Look, steuern die Arten mit Mimikry genau das Gegenteil an: Der Signalempfänger soll eventuell mit panischer Flucht reagieren. Mimikry lenkt nicht ab, sondern erregt Aufmerksamkeit und warnt. Einige Signalfälscher und darunter auch die Pfauenaugen verwenden als Vorbild das typische Gesicht einer Katze, genauer deren bedrohlich blickendes Augenpaar. Da die Falter bei einer überraschenden Attacke durch Vögel nicht rasch genug außer Schnabelreichweite gelangen, bereiten sie ihren Angreifern zumindest „aufregende Augenblicke“, und das genügt für einen gewaltigen Schrecken: Sitzende Tagpfauenaugen klappen die Flügel auseinander, Abendpfauenaugen rücken die Vorderflügel ein wenig nach vorne, und schon zeigen sich starr dreinblickende Augen. Erstaunlich ist der perfekte Detailreichtum der verwendeten Augen-Make-ups: Die dunkle Umrandung fehlt ebenso wenig wie die farbig aufleuchtende Iris, die weit geöffnete Pupille oder die Glanzpunkte des widerspiegelnden Lichtes.

PILLENdreher und ihre rollenden Misthaufen

Manche Berufe zitiert die Umgangssprache reichlich flapsig: Der Maler wird zum Pinselquäler, der Zahnarzt zum Gebissklempner und der Apotheker halt zum Pillendreher. Man sieht ihn förmlich in seiner Offizin stehen und bittere Pillen mit allerhand heilsamen Ingredienzien formen. Vom Pillendrehen ist auch der Name verschiedener Käfer-Arten abgeleitet, zu denen unter anderem der berühmte ägyptische Skarabäus gehört. Sie sieht man häufig an kleinen Miststücken und stellen aus trocknendem Tierdung Futter- und Brutpillen her, die viel größer sein können als sie selbst.

Kein organischer Abfall am Boden bleibt ungenutzt. Wenn andere Mist gemacht haben, stürzen sich Dung- und Mistkäfer heißhungrig auf den Kot und nutzen ihn als Nahrung für sich selbst oder die Nachkommenschaft. Die meisten Arten sind spezialisiert auf Kuhfladen, Rossäpfel oder Schafdung. Dungkäfer legen ihre Eier direkt in die Fladen und die schlüpfenden Larven fressen ihre anrüchige Wohnung nach und nach auf. Mistkäfer graben in der Nähe von Dunghaufen tiefe Gänge in den Boden, schleppen kleine Miststücke ein und versehen jede Portion mit einem Ei.

PORTUGIESISCHE Galeere – unterwegs auf allen Meeren:

Eine Einladung zur genüsslichen Kreuzfahrt verspricht die Portugiesische Galeere *(Physalia physalis)* gewiss nicht. Im Gegenteil – dieses merkwürdige Meerestier sollte man möglichst meiden, denn die Berührung seiner stark nesselnden, bis über 20 Meter langen Fangfäden ist schmerzhaft wie ein Peitschenhieb. Außerdem kann das Nesselgift erhebliche Herzrhythmusstörungen hervorrufen. Das bläulich-violett schimmernde Gebilde ist eine driftende Kolonie zahlreicher Polypen, die auf verschiedene Aufgaben wie Beutefang, Verdauung und Vermehrung spezialisiert sind – sie erinnern ein wenig an eine mit starker Besatzung ausgerüstete Rudergaleere. Die Polypenketten sind an einem etwa 20 Zentimeter langen, mützenförmigen und gasgefüllten Behälter aufgehängt, der über die Wasseroberfläche aufragt und als Segel dient. Man spricht daher auch von Segel- oder Staatsquallen. Die Portugiesische Galeere kommt als Oberflächenbewohner in allen Meeren vor. Zu Tausenden treiben die Kolonien vor dem Wind, fischen mit ihren Fangarmen das durchsegelte Gebiet ab und finden aus dem offenen Atlantik durch den Ärmelkanal gelegentlich auch den Weg in die Nordsee. Entdeckt hat man die seltsamen Tierkolonien an der portugiesischen Küste. Segelquallen sind übrigens die Hauptnahrung der im Meer lebenden Lederschildkröten.

POSThörnchen – kein Übungsinstrument

Als die Post noch mit Kutschen transportiert wurde, trugen die Postboten ein Posthorn mit sich, auf dem sie ihre oft sehnsüchtig erwartete Ankunft signalisierten. „Posthörnchen“ sind keineswegs die verniedlichende Bezeichnung für das Arbeitsgerät früherer Postboten, noch

waren sie die kleinere Ausführung von Posthörnern für Lehrlinge. Posthörnchen heißen einige Süßwasserschnecken, weil deren gewundene Gehäuseform dem Blechinstrument der Postboten recht nahe kommt, das lange Zeit noch als Symbol der Deutschen Bundespost auf Briefkästen, Postwagen und Telefonhäuschen diente. Posthörnchen gehören zur Familie der Tellerschnecken. In Europa leben vier Arten der Gattung *Gyraulus* in langsam fließenden und stehenden Gewässern, wobei das Chinesische und das Kleine Posthörnchen durch den Reisanbau oder mit Wasserpflanzen bei uns eingeschleppt wurden. Und ob die Posthörnchen mit drei bis vier Millimeter nicht schon klein genug wären, existiert das noch kleinere Zwergposthörnchen in pflanzenreichen Stillgewässern in sogar zwei „Ausgaben" (Formen). Während die eine Ausgabe eine glatte, glänzende Gehäuseoberfläche besitzt, ist die andere Form des Zwergposthörnchens mit Hautrippen und Randzacken ausgestattet. Wobei wir mit „Ausgabe" und „Randzacken" schon fast wieder bei Begriffen aus unserer Post wären.

REIHERschnabel: Wie der Schnabel gewachsen ist

Lange Beine und spitzes Mundwerk – mit dieser gefährlichen Merkmalspaarung waten die Reiher im seichten Wasser herum und langen blitzschnell zu, sobald sich ein netter Appetithappen vor der

Schnabelspitze zeigt. Dieser lange, spitze Vogelschnabel half offensichtlich bei der Namensfindung für eine verbreitete heimische Pflanze, bei der sich zur Reifezeit die Griffel des Fruchtknotens gewaltig verlängern und dann tatsächlich wie ein Schnabelporträt aussehen: Beim Reiherschnabel (*Erodium cicutarium*, von griech. *erodios* = Reiher) werden die geschnäbelten Früchte bis zu vier Zentimeter lang.
Der Reiherschnabel gehört zu den Storchschnabelgewächsen (Geraniaceae), denn auch die Storchschnabel-Arten (Gattung *Geranium*) verlängern zur Fruchtreife ihre Griffel schnabelartig. Eigentlich müssten sie Kranichschnabelgewächse heißen, denn Gattungs- und Familienname leiten sich ab von (griech.) *geranos* = Kranich. Zur gleichen Familie gehören die Pelargonien – die Stars vieler sommerlicher Balkonkästen. Diese blühstarken Zierpflanzen, gärtnerisch meist als Hänge-Geranien bezeichnet, sind nun wirklich Storchschnäbel, wie ihr wissenschaftlicher Gattungsname *Pelargonium* (von griech. *pelargos* = Storch) ausweist. Übrigens sind Reiher, Kraniche und Störche im Unterschied zu ihren „Schnabelpflanzen" überhaupt nicht näher miteinander verwandt.

Ein Riese, der keiner ist: RIESENspringschwanz

Nicht erst seit Einstein ist alles relativ. Unter Blinden kann der Einäugige König sein und unter Springschwänzen ist ein Bursche von fünf bis neun Millimetern Länge ein wahrer Riese. Springschwänze (Collembola) sind mit ca. 300 heimischen Vertretern die artenreichste Ordnung der Urinsekten, die noch keine Flügel besitzen und sich noch ohne Gestaltswandel über zahlreiche Jugendstadien bis zum fertigen Insekt entwickeln. Anstelle des Fliegens können die meist auf oder im Boden lebenden winzigen Springschwänze „gewaltige" Sprünge von mehreren Zentimetern machen. Abgestorbene, teilweise auch lebende Pflanzenteile gehören zu ihrer Nahrung. Unter den meist nur ein bis maximal fünf Millimeter kleinen Springschwänzen ist *Tetrodontophora bielanesis* mit Abstand der größte Springschwanz Mitteleuropas. Womit er mit Fug und Recht „Riesenspringschwanz" genannt werden darf. Im Laubstreu am Waldboden kann man ihn mit guten Augen oder einem Vergrößerungsglas springen sehen.

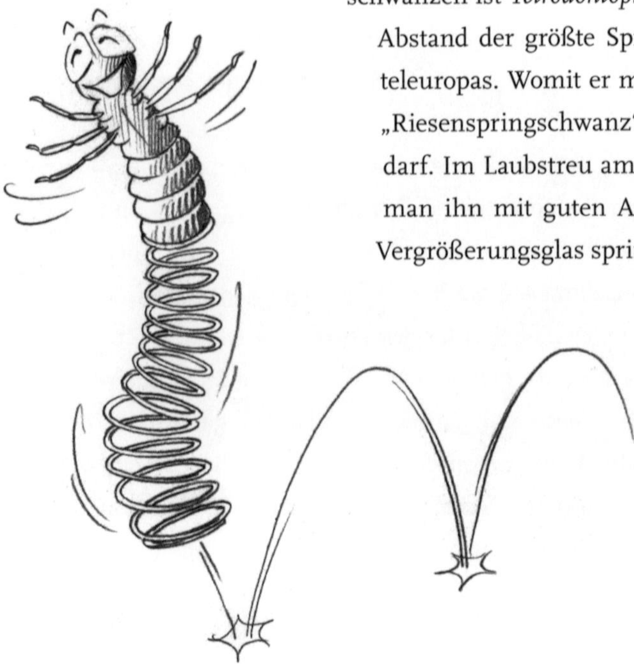

RINDERgämse – Wiedergeburt des Goldenen Vlieses

„Es war die Wiedergeburt des Goldenen Vlieses ...", beschreibt der Zoologe H. S. Wallace 1913 seine Begegnung mit den Rindergämsen oder Takins im chinesischen Singlinschan-Gebirge, um fortzufahren: „... Im Sonnenschein sind die Bullen auffällig goldgelb ... die Kühe silbrig im Ton ... vorn fallen der tiefgetragene Kopf, das „Büffelgehörn" und die Ramsnase auf. Von hinten erscheinen die schwer gebauten Tiere mit ihren kurzen Beinen und dem im langen Fell verschwindenden Schwanz wie gewaltige Teddybären ...", die ... im Angriff und auf der Flucht ... die sturmhafte Geschwindigkeit des Nashorns erreichen ...". Soweit die anschauliche Beschreibung eines Tieres, dessen Namen Rindergämse oder Gnuziege schon erahnen lassen, dass dieser Hornträger den Zoologen Schwierigkeiten bei der Einordnung in ihr System bereitete. Neuerdings wird der Takin *(Budorcas taxicolor)* mit dem Moschusochsen *(Ovibos monachus)* in die Gattungsgruppe der Schafochsen (Tribus Ovibonini) gestellt. Beide sind riesige, gämsenähnliche Arten, die in Anpassung an ihre arktischen oder alpinen Lebensräume in dichtem, zotteligem Fell mit schwerem, gedrungenem Körper und auf kurzen, kräftigen Beinen daherkommen. Ihre gebogenen Hörner sind länger als die der Gattungsgruppe der Gämseartigen, aber kürzer als bei den Ziegenartigen. Sie eignen sich besonders für Frontalangriffe der Kraftprotze. Rindergämsen leben standorttreu und meist gesellig in den steil zerklüfteten alpinen Bambuswäldern West-Chinas, Buthans und Myanmars. Am ganzen Körper sondern die Takins ein stark riechendes, öliges Sekret ab. Je nach Unterart ist ihr Fell von Braunrot über Weiß-

bis Goldgelb gefärbt. Wenn dann ein einzelgängerischer Rindergämsen-Bulle in goldgelbem Fell phantomhaft aus dem Bambusdschungel tritt, wird die Legende vom Goldenen Vlies lebendig.

Ein Leben in der Seitenlage: ROTE Bohne

Blaue Bohnen sind extrem ungesund, weiße Bohnen kommen in die Suppe und Rote Bohnen spielen für unsere Ernährung keine Rolle. Diese Bezeichnung ist der populäre Name der Baltischen Plattmuschel *(Macoma balthica)*, die in der Nord- und Ostsee vorkommt. Wenn sie noch halb im Sand steckt, könnte man sie für eine Bohne halten. So ganz bohnenförmig ist die bis zu drei Zentimeter lange Schale jedoch nicht, eher gerundet dreieckig. Aber rot ist eine dominierende Farbe neben gelben, cremeweißen, bläulich-grauen oder bräunlichen Nuancen und immer hübsch abgesetzt mit konzentrischen weißen Streifen. Lebend sieht man die Rote Bohne fast nie, denn sie liegt eingegraben im Wattboden und immer auf der rechten Schalenklappe. Aus dieser stabilen Seitenlage sucht sie mit ihrem langen Einströmrohr die Bodenoberfläche der Umgebung ab und saugt Kleinstalgen ebenso ein wie feine organische Abfallteilchen. Dagegen findet man ihre leeren Schalen mengenweise im Muschelschill des Angespüls – ein deutlicher Hinweis auf die enorme Besatzdichte im Wattboden und auf den Tribut an die Nahrungsketten, vor allem an die zahlreichen Wattvögel.

RÜCKENschwimmer – Leben an der Grenzfläche

Für Fische ist Schwimmen in der Rückenlage ein ziemlich ungesunder Befund. Der Mensch hat diese Schwimmtechnik dagegen zur Olympiadisziplin entwickelt. Außerdem gibt es weitere Tiere, die mit dem Bauch nach oben elegant und rasant durch den wässrigen Lebensraum flitzen. Dazu gehören unter anderem die 170 Arten aus der Familie Rückenschwimmer (Notonectidae, Wasserwanzen), von denen nur sechs Arten in Mitteleuropa vorkommen. Häufigste heimische Art ist *Notonecta glauca*. Sie kommt auch in Gartenteichen vor.

Die Tiere sind kräftig gebaut und bis zu etwa 1,5 Zentimeter lang. Sie schwimmen tatsächlich (fast nur) in Rückenlage. Dabei dienen die mit einem breiten Haarsaum besetzten Beine des dritten Beinpaares als Antriebsorgane. Beim Schwimmen werden sie weit vorgestreckt und arbeiten wie die Riemen eines Ruderbootes. Den Rücken überzieht in Längsrichtung ein deutlicher Kiel. Haare an der Bauchseite halten immer kleine Luftbläschen fest – als Atemvorrat und für einen gewissen Auftrieb im Wasser. Die Komplexaugen sind so raffiniert aufgebaut, dass sie den Bereich direkt ober- und unterhalb der Wasseroberfläche bestens beobachten können – trotz der ungünstigen Brechungsverhältnisse an der Grenzfläche. Anfassen sollte man die Rückenschwimmer übrigens nicht, denn sie können recht schmerzhaft zustechen.

RUSSISCHER Bär – ein Prachtbär

Mit mehr als 6000 Arten ist die Nachtschmetterlings-Familie der Bärenspinner (Arctiidae) über alle Erdteile verbreitet. Ihr Name geht auf die dichte, an ein zottiges Bärenfell erinnernde Behaarung der sehr beweglichen und schnellen Bären-Raupen zurück. Nach ihren Fundorten oder ihrer Zeichnung werden Bärenspinner Augsburger, Engadiner, Brauner, Gelber, Schwarzgefleckter Bär oder Buntbär genannt. Der Russische Bär *(Panaxia quadripunctaria)* heißt auch Prachtbär. Normalerweise ist er tagsüber gut geschützt durch seine dunklen Vorderflügel mit den gelben Streifen. Erst bei Gefahr zieht er diese zur Seite und die roten Hinterflügel mit zwei schwarzen Punkten und einem schwarzen Fleck leuchten plötzlich grell auf. Mit dieser auffälligen Warntracht signalisiert er seinem Verfolger, dass er ein sehr ungenießbarer (Russischer) Bär ist.

SACKträger – an ihren Säcken könnt ihr sie erkennen

Obwohl die Falter meist klein und eher unscheinbar sind, zählen die Sackträger (Psychidae) dennoch zu den interessantesten Schmetterlings-Familien. Mit über 800 Arten über die ganze Erde verbreitet, haben Sackträger Besonderes zu bieten. Nicht nur, dass bei den Weibchen der meisten Arten die Flügel fehlen und bei einigen Arten die

Weibchen bereits so stark spezialisiert sind, dass sie weder über Beine und Augen noch über Mundwerkzeuge verfügen. Eine weitere Besonderheit unter allen Schmetterlingen ist die Fähigkeit einiger Sackträger-Arten zur Jungfernzeugung (Parthenogenese), der gleichgeschlechtlichen Fortpflanzung der Weibchen von Arten, bei denen es keine Männchen mehr gibt. Wobei alles mit der besonderen Eigenschaft dieser Falter in Verbindung steht, die ihnen zu ihrem Namen verhalf. Gemeint ist ein Sack, den sich jede Larve sofort nach dem Schlüpfen aus dem Ei selber anfertigt. Je nach Art fertigen die Sackträger-Raupen ein Gehäuse, das sie während der gesamten Entwicklung kein einziges Mal verlassen werden und in dem sie sich schließlich auch verpuppen. Die oft kunstvollen Bauwerke gleichen einer an beiden Enden offenen Röhre. Die Säckchen können aus Blattstückchen und Grashalmen, längs liegenden Zweigstückchen, quer, quadratisch oder spiralig angeordneten Stäbchen bestehen oder die Form eines mit Sand bedeckten Schneckenhauses besitzen. Auch kleine Teile toter Insekten, etwa Flügeldecken, finden beim Bau Verwendung. Durch Flechten- und Algenbeläge werden manche Gehäuse zu „Tarnsäcken". Zur Fortbewegung steckt die Raupe vorne Kopf und Brust aus ihrem Gehäuse heraus. Wenn sie sich dann nur auf ihren Brustbeinen laufend vorwärts bewegt, erinnert das tatsächlich an das Tragen eines Sackes. Und der wird ständig durch Vergrößern und Erweitern an die wachsende Größe des Besitzers angepasst.

SALOMONssiegel mit bleibenden Eindrücken

Nach biblischem Bericht und archäologischem Zeugnis ließ König Salomon im 9. Jahrhundert vor Christus den berühmten Tempel in Jerusalem bauen. Wie die Legende hinzufügt, richtete er den Bauplatz auf dem etwas unebenen Tempelberg dadurch ein, dass er störende Felspartien mit dem Wurzelstock einer Pflanze wegräumte, die sein Siegel trug. Wurzeldruck statt Hammerschlag? Wachsende Pflanzenorgane können selbst festem Gestein recht massiv zusetzen und auf diese Weise die Erosion beschleunigen. Aber Einplanieren im größeren Maßstab …? Zwei dekorative heimische Pflanzen tragen den Namen Salomonssiegel, die Vielblütige und die Wohlriechende Weißwurz *(Polygonatum multiflorum, P. odoratum)*. Aus ihrem kräftigen, mehrfach knickig-knieförmig gebogenen Wurzelstock (griech. *poly* = viel, *gone* = Knie) entwickeln sie jährlich neue Triebe. Beim Absterben im Herbst lassen sie eine vertiefte, münzgroße Stängelmarke zurück, die aussieht wie ein Siegelabdruck. Die zahlreichen vernarbten Leitbündelenden liefern dazu die Prägedetails. Die Übertragung dieses Bildeindrucks auf den siegelführenden Salomon ist fromme Bibelgelehrsamkeit – denn andere Fachliteratur hatten die Menschen früherer Jahrhunderte nicht.

SCHLAMMschwimmer – es kann nur einen geben

Seinen Namen hat er wegen seiner Vorliebe für flache, schlammige Gewässer, vor allem Sandgruben. Der nur ein Zentimeter große Schlammschwimmer *(Hygrobia hermanni)* ist der einzige bei uns heimische Vertreter aus der Familie Hygrobiidae. Er bewegt sich sehr schnell schwimmend durch sein schlammiges Wasserreich, indem er nicht wie andere Schwimmkäfer synchron, sondern seine Hinterbeine im Wechsel nach hinten bewegt. Bei Störungen kann der Schlammschwimmer laute Zirptöne erzeugen, indem er die Hinterleibsspitze gegen die Querriefen an der Unterseite seiner Flügeldecken reibt. Wenn er mit dem Hinterende voran den Wasserspiegel durchstößt, dann zur Erneuerung seines Luftvorrates, den ein Schlammschwimmer immer unter seinen Flügeldecken mit sich trägt.

SCHLANGEnmoos – schuppig rank und schlank

Für ein Moos sind diese Pflanzen eigentlich zu groß und zu anderen Pflanzen bestehen nur wenige gestaltliche Anklänge. Deshalb fließen bei den heimischen Bärlappen auch eine Menge krauser Namengebungen zusammen. Schon die Bezeichnung Bärlapp ist höchst seltsam – erklärbar allenfalls aus der fellartig dichten Beblätterung der Sprossachsen, die an ein Stück Bärenfell erinnern. Der wissenschaftliche Gattungsname der meisten heimischen Arten ist *Lycopodium* (griech. *lykos* = Wolf, *pous/podos* = Fuß), wobei der Formvergleich mit einem Wolfsfuß die fallweise kurzen Seitenverzweigungen aufgreift. Eine heimische Art, *Huperzia selago*, heißt sogar offiziell und nicht nur im regionalen Sprachgebrauch Teufelsklaue. Schlangenmoos schließlich nimmt die Gesamtwuchsform der Pflanzen in den Blick: Sie können viele Dezimeter lang werden und wachsen schlängelnd zwischen den übrigen Pflanzen des Waldbodens, beispielsweise Heidelbeersträuchern oder Baumjungwuchs. Zudem sehen die vielen kleinen Blätter, die im Unterschied zu den Moosen echte Blattorgane sind, ein wenig aus wie das Schuppenkleid einer Ringelnatter.

Warum soll ausgerechnet der SCHMUTZgeier schmutzig sein?

Die zweite Hälfte des Namens von Schmutzgeier und Co. stammt aus dem Althochdeutschen „giri“ und bedeutet „gierig“. Als substantiviertes Adjektiv wurde „giri“ zu gir-a(n), giir und gir. Und noch heute vergleicht man besonders gierige Menschen mit Geiern. Wer einmal einen ganzen Trupp von Geiern – oft verschiedene Arten – am Aas beobachtet hat, spürt die Gier dieser Vögel nach ihrem Anteil an dem seltenen, oft

lang ersegelten Fund. Wenn auch aus seuchenhygienischen Gründen sehr verdienstvoll, ist die Geier-Tätigkeit allemal ein schmutziges Handwerk. Warum soll dann der mit 170 Zentimeter Flügelspannweite bei weitem kleinste Vertreter unter den Geiern Europas einzig ein Schmutzgeier sein? *Neophron percnopterus* wirkt aus der Ferne mit seinen schwarz-weißen Flügeln weißstorchähnlich. Weil man ihn im 16. Jahrhundert, wenn auch sehr selten, noch in den südlichen Kantonen der Schweiz finden konnte, nannte man ihn wegen seiner weißstorchähnlichen Flügelfärbung auch „Bergstorck". Von nahem sieht sein cremefarbiges Gefieder eher schmutzig weiß aus. Was auch im griechischen Artnamen *percnopterus* = dunkelfleckig zum Ausdruck kommt. Neben dem Verzehren von Aas erbeuten Schmutzgeier auch Kleintiere. Außerdem gehören sie zu den wenigen Vogelarten mit Werkzeuggebrauch. Um dickschalige Eier aufzuschlagen, suchen sich Schmutzgeier einen passenden Stein, den sie mit ihrem Schnabel aufnehmen, um damit wie mit einem Hammer die Eischale zu zertrümmern.

SCHNECKEnkanker – Weberknecht mit langen Scheren

Gar nicht so schlank wie manch anderer aus der Sippe, tiefschwarz gefärbt und mit riesigen, mehr als körperlangen Scheren ausgestattet, ist der Schneckenkanker *(Ischyropsalis hellwigi)*. Er lebt in naturnahen, feuchten Laub- und Nadelwäldern. Weil er sich am Boden unter Fallholz oder Steinen versteckt, ist der Schneckenkanker nicht leicht zu entdecken. Dort macht er vorzugsweise Jagd auf Gehäuseschnecken, die er mit einer Schere am Mündungsrand der Schale packt, um mit der anderen die Schneckenschale stückweise aufzubrechen. So kann der Schneckenkanker immer weitere Nahrungsbrocken vom Weichkörper seiner Beute abschneiden. Der Name „Kanker" ist die andere Bezeichnung für Weberknechte. Wer einen von diesen Langbeinern schon einmal fangen wollte, konnte feststellen, dass er ein zuckendes Bein, nicht aber das wegeilende Tier in der Hand zurückbehielt. Mit diesem Trick gelingt es den Kankern, unter Verlust einer Extremität, die übrigens nicht regeneriert werden kann, Feinden erfolgreich zu entfliehen.

SCHWALBEnschwanz aus der edlen Zunft der Ritter

Mit seiner Verwandtschaft zählt er zu den attraktivsten Schmetterlings-Erscheinungen. Der große Naturforscher Carl von Linné fasste Schwalbenschwanz und Co. unter dem stolzen Namen „Ritterfalter" (Papilionidae) als Familie zusammen. Gleich mittelalterlichen Rittern sind einige von ihnen mit spornartigen Flügelanhängen geschmückt und tragen zudem noch Augensymbole auf ihren Hinterflügeln. Beides sind hervorragende Verteidigungsinstrumente der edlen Ritter. Vögel, die nach ihnen picken, werden von dieser Zier abgelenkt, weichen davor zurück und haben letztendlich höchstens die Symbole der Ritter im Schnabel, während die Apollos, Osterluzeifalter oder Schwalbenschwänze leicht verändert, aber heil das Weite suchen. Weil die langen Flügelanhänge des Schwalbenschwanz-Schmetterlings an die Flügelspieße unserer ebenso bekannten wie beliebten Rauchschwalbe erinnern, gab man diesem Ritterfalter den Namen. Weit verbreitet, jedoch nirgendwo häufig, suchen Schwalbenschwänze in unseren Gärten nach Eiablageplätzen und Nektar. Wo Sommerflieder wächst, tanken Schwalbenschwänze Nektar. An Möhre, Dill, Bibernelle, Petersilie, Kümmel und anderen Doldengewächsen verköstigen sich die attraktiven grünen, schwarz geringelten und gelbrot gefleckten Raupen des Ritterfalters mit dem Schwalbenschwanz.

Ganz in Weiß – ein SCHWAN, der keiner ist

Wenn er schwanenweiß, mit langer, fast federartiger Behaarung am Körper auf einem Blatt sitzt, erinnert der Schwan *(Euproctis similis)*, ein weiterer Nachtfalter aus der Trägspinner-Familie tatsächlich an sein gefiedertes Vorbild. An feuchten Wald- und Wegrändern sind Schwäne zwischen Juni und September nicht selten anzutreffen. Ihre schwarz, weiß und rot gezeichneten Raupen leben an vielen verschiedenen Laubholz-Arten. Außerdem ähneln sie sehr den Raupen des nahe verwandten Goldafters. Letzteren fehlt allerdings der Rückenhöcker und außerdem wirken diese durch die gelbrote Behaarung etwas blasser als die „Jungschwäne". Nach bis zu zweimaligem Häuten überwintern sie eingesponnen in Rindenritzen oder im Falllaub, um im Frühjahr vor ihrer Verpuppung nochmals an Knospen zu kosten.

Wie tröstet sich die SCHWARZE Witwe?

Lackschwarz ist schon ein ziemlich verruchtes Outfit, aber kombiniert mit 13 knallroten Punkten sieht es total verwegen aus: Allein nach ihrem Erscheinungsbild ist die Schwarze Witwe *(Latrodectes mactans tredecimguttatus)* eine wunderschöne Spinne. In ihrem großen Verbreitungsgebiet in praktisch allen Wärmegebieten der Erde kann die Färbung allerdings variieren: Es gibt fast rein schwarze Formen und solche, deren Rouge et Noir sich auf wenige Tupfer oder Striche beschränkt. Die berüchtigte und sehr dunkle "black widow" aus Nordamerika fasst man heute als verwandte Unterart der im Mittelmeergebiet vorkommenden Rotschwarzen auf.

Der kugelige Körper eines *Latrodectes*-Weibchen ist etwa zehn bis 15 Millimeter lang, beim Männchen dagegen nur fünf bis sieben Millimeter. Schon vor der letzten Häutung begibt sich das Männchen freiwillig in das Netz eines Weibchens und vollzieht hier zunächst einmal seine letzte Reifehäutung. Danach umspinnt der Spiderman die Beine des Weibchens mit wenigen Fäden, was zunächst nach Fesselspielen aussieht, aber als verzehrende Liebe endet: Noch während der Paarung befreit sich das Weibchen aus der Umgarnung und vertilgt seinen Partner. Kaum ist die Hochzeit vollzogen, steht die Spinnenfrau als Witwe da. Sie tröstet sich einfach mit dem nächsten Männchen oder einer anderen Spinne, die ihr als Beute ins Netz gehen.

Alle Arten der Gattung *Latrodectes* gelten als gefährlich – ihre Gifte gehen buchstäblich auf die Nerven. Der Biss ist extrem schmerzhaft, aber ein gesunder Erwachsener überlebt ihn normalerweise. Für Kleinkinder könnte er jedoch kritisch werden. Im Verbreitungsgebiet der Schwarzen Witwen stehen allerdings Antiseren als Impfstoffe zur Verfügung.

SEEhase: Ohren zum Riechen

Den Hasen kennt jeder als Tier mit besonders langen Ohren. Bei schokoladenen Osterhasen sind sie sogar überproportional lang. Das Bild der langen Lauscher hat nun so manche Namengebung angeregt, so auch bei den Seehasen (*Aplysia*-Arten), die zu den Meeresnacktschnecken gehören. Sie kommen im Mittelmeer, im Atlantik und auch in der Nordsee vor und werden je nach Art bis zu etwa 30 Zentimeter lang. Vorne tragen sie zwei längere, schlanke Kopflappen, die den Fühlern der Weinbergschnecke vergleichbar und die die namensgebenden „Hasenohren" sind. Sie enthalten die Sinnesorgane.

Im alten Rom galten die Seehasen als giftig, und Kaiser Domitian war sogar einmal angeklagt, weil er mit einer solchen Giftschnecke angeblich seinen Bruder Titus umgebracht hat. Italienische Fischer glauben bis heute, der Schleim eines Seehasen würde ihnen alle Haare ausfallen lassen. Tatsächlich sind die Seehasen von Natur aus ungiftig. Sie können jedoch giftige Inhaltsstoffe aus ihrer Nahrung speichern und auf diesem Umweg zum Problemfall werden.

SEEmaus – kein rechtes Kuscheltier

Mit den Mäusen ist es eine eigenartige Sache. Die meisten Menschen finden sie überaus putzig, aber wenn wirklich einmal eine in der Wohnung umherhuscht, steht so manche(r) kreischend auf dem Küchentisch. Die Seemaus verursacht solche Verlegenheiten nicht, denn ihr Lebensraum ist das Meer. Außerdem ist sie gar kein Fell tragendes Säugetier, sondern ein Ringelwurm – allerdings ein recht ungewöhnlich aussehender: Sie besteht aus etwa 40 Körpersegmenten, wird bis zu 20 Zentimeter lang und etwa 8 Zentimeter breit und bildet ein an beiden Enden gerundetes Längsoval. Mit diesen Abmessungen ist sie schon eher eine Seeratte. Innerhalb ihrer enorm artenreichen Verwandtschaft gehört sie zu den Vielborstern. Auf dem Rücken und an den Körperflanken trägt sie einen dichten Besatz nadelspitzer und etwas starrer Chitinborsten, die im auftreffenden Licht wunderschön in den Regenbogenfarben irisieren. Was an der Seemaus mäuseartig ist, hat ihr Benenner Carl von Linné allerdings nicht überliefert, aber er gab ihr den bemerkenswerten wissenschaftlichen Namen *Aphrodita aculeata* – nach Aphrodite, der griechischen Göttin der Schönheit.

SEEwolf und Wasserkatze

Auch in seinem wissenschaftlichen Namen *Anarhichas lupus* taucht der Wolf *(lupus)* auf. Mit vollständigem deutschem Namen heißt er Gestreifter Seewolf oder Katfisch. Wichtigste Erkennungsmerkmale dieses Bodenfischs sind sein lang gestreckter Körper, dessen Höhe vom Hinterkopf zur Schwanzflosse gleichmäßig abnimmt und sein großer, plumper Kopf mit abgerundeter Schnauze und gefährlich aussehenden, gekrümmten Fangzähnen. Dabei sind Seewölfe weniger Hetzjäger wie ihre namensgebenden Säugetiervorbilder. Vielmehr ernähren sich erwachsene Seewölfe von hartschaligen, eher langsamen Bodentieren wie Krebse, Weichtiere und Stachelhäuter, die sie mit ihrem kräftigen Gebiss zertrümmern. Einen Vorteil gegenüber den richtigen Wölfen haben Seewölfe: Ihre abgenutzten Zähne werden kurz vor der Laichzeit einfach durch neu nachwachsende ersetzt. Eine verwandte Art, der Blaue Seewolf *Anarhichas denticulatus,* lebt im Nordatlantik und wird mit bis zu 1,5 Meter Länge noch um 30 Zentimeter größer als der Gestreifte Seewolf. „Wasserkatze", so der Zweitname für den Rundschädel mit den Fangzähnen, ist letztlich treffender als der Vergleich mit einem länglichen Wolfskopf. Die Wasserkatze hat, wie alle Seewölfe, natürlich keine Haare. Dafür kann man aus ihrer festen Haut Leder herstellen.

SIEBENschläfer – Rekordhalter als Langschläfer

Alle heimischen Mitglieder unserer Bilche oder Schläfer (Gliridae), einer Nagetier-Familie, sind ausgesprochene Langschläfer. Den Winterschlafrekord unter seinen Verwandten Garten-, Baumschläfer und Haselmaus hält unangefochten der Siebenschläfer. Er bettet sich schon im September/Oktober zur Ruhe, um erst im Mai/Juni wieder aufzuwachen. Weil sieben Monate am Stück sein Schlafminimum sind, trägt der Siebenschläfer seinen Namen zu Recht. Wenn der eichhörnchenähnliche, graue Gesell mit buschigem Schwanz und großen, dunklen Knopfaugen erst einmal wach ist, wird aus ihm ganz und gar kein Leisetreter. Viele Tätigkeiten der geselligen, dämmerungs- und nachtaktiven Siebenschläfer werden von ihren Quiek- und Pfeiflauten, Zähnerattern, zwitschernden Rufen und „Drohsurren" begleitet. Ihre Nahrungspalette reicht von pflanzlicher Kost über Insekten bis hin zu Vogeleiern und -nestlingen. Vor dem nächsten Schlafrekord fressen sich Siebenschläfer eine gehörige Speckschicht an und können ihr Ausgangsgewicht leicht verdoppeln. Weil sie so gut schmecken, wurden Siebenschläfer *(Glis glis)* von den Römern in „Gliarien" gehalten und wie Hausschweinchen gemästet. So endete manch einer der Langschläfer auf einer römischen Tafel.

Lichtscheue Untermieter: SILBERfischchen

Bestimmt haben Sie diese winzigen Wesen auch schon einmal gesehen: Man geht spätabends noch einmal ins Bad, und schon verschwindet ein offenbar lichtscheuer Mitbewohner im Abfluss der Dusche – kein Grund zur

Panik, denn die kleinen Tiere sind völlig harmlos. Nach ihrer schlanken, metallisch glänzenden Gestalt nennt man sie Silberfischchen, zumal sie bei genauerer Betrachtung mit der Lupe auch noch 0,2 Millimeter lange und silbrig schimmernde Schuppen tragen. Mancherorts nennt man die Tiere auch Zuckergast.

Silberfischchen gehören zu den flügellosen Urinsekten. Im kühlen Mitteleuropa leben die bis zu zwölf Millimeter langen Tiere fast nur in Häusern und überwiegend in Badezimmern, im warmen Süden dagegen auch im Freiland. Sie ernähren sich bevorzugt von stärkehaltiger Nahrung, aber auch von anderem organischen Abfall wie Staubteilchen. Die Tiere sind überwiegend nachtaktiv und verschwinden bei Licht rasch in Ritzen und Fugen.

SONNEntau – glitzern wie Klunker

An sich ist der Name ein Unding: Tau setzt sich in der feuchten Kühle der Nacht ab und macht die Wiesen tropfnass. Sobald die Sonne über den Horizont schaut, ist es mit dem Wasserperlenzauber rasch vorbei. Ein echter Sonnentau bietet dagegen Glamour für den ganzen Tag. Seine Tautröpfchen sind auch nicht aus Wasser, sondern ein sehr zäher Leim. Damit wird die Sache sonnenklar: Der Sonnentau legt mit seinen Glitzerblättern gefährliche Leimruten aus, um damit kleine Bodentiere zu fangen. Alle Sonnentau-Arten (Gattung *Drosera*, vom griechischen *drosos* = Tau) leben auf nährstoffarmen Moorböden. Die erbeuteten Opfer, vor allem Ameisen und Bodenspinnen, lösen sie mit blatteigenen Verdauungssäften auf und verwerten dann vor allem die organischen Stickstoffverbindungen für das eigene Wachstum.

Nun haben die Pflanzen ein Problem. Einerseits sollen ihnen Insekten auf den Leim gehen, aber andererseits benötigen sie diese auch als Blütenbestäuber. Die Lösung ist ebenso einfach wie wirksam:

Die Sonnentaublüten(stände) sitzen an sehr langen Stielen und mindestens eine Handbreite über den tückischen Klebefallen.

SONNEntierchen strahlen, aber leuchten nicht

Der niederländische Maler Hieronymus Bosch (1450–1516), der seine Bilder mit allerhand absonderlichen Fabelwesen garnierte, hätte bestimmt seine Freude daran gehabt, im Mikroskop eine Wasserprobe aus dem Gartenteich anzuschauen. Mengenweise wären ihm dabei skurrile Motive begegnet. Leider war zu seinen Lebzeiten das Mikroskop noch nicht erfunden. Wenig an den kleinen Wasserlebewesen erinnert an die Formen aus der vertrauten Welt – so auch die wie winzige Stachelkugeln aussehenden Sonnentierchen. Sie sind einzellig und so klein, dass etwa 20 von ihnen die Länge von einem Millimeter ergeben. Auffallendes Kennzeichen sind ihre zahlreichen und nadeldünnen Zellfortsätze, die tatsächlich so angeordnet sind, wie Kinder eine strahlende Sonne malen. Daher gab man diesen winzigen Wasserbewohnern den Namen Sonnentierchen oder Heliozoen. Die Strahlen verleihen den Zellen Halt und lassen sie im Wasser schweben. Manche Arten rollen damit über Blätter und Stängel von Wasserpflanzen, wobei die Strahlen mit Grundberührung an den Enden jeweils einknicken. Auch in Ihren Blumentöpfen könnten ein paar tausend dieser Mini-Sonnen untergegangen sein, denn einige Arten mit kurzen Strahlen sind Bodenbewohner.

SPANISCHE Fliege – verwirrend zwischen Liebe und Tod

Zunächst bleibt festzuhalten, dass der Name „Spanische Fliege“ verwirrt. Sie ist nämlich keine Fliege, sondern ein knapp ein bis gut zwei Zentimeter großer, leuchtend grün gefärbter, voll geflügelter Ölkäfer, der sich von Laubblättern, vor allem Eichenblättern, ernährt. Die Larven von *Lytta vesicatoria* entwickeln sich in Wildbienennestern. Mit „Spanischer Fliege" wird ein Trank bezeichnet, der früher aus diesem Ölkäfer gewonnen wurde und der in geringen Dosen als Aphrodisiakum die Liebeslust steigerte, in höheren Dosen absolut tödlich wirkte. Das Cantharidin ist wohl das stärkste Blutgift, über das ein Käfer verfügt. Seltsamerweise hält dieses Anhydrid viele Insekten fressende Wirbeltiere wie Frösche, Igel, Fledermäuse und Vögel vom Verspeisen der Spanischen Fliege nicht ab. Dagegen wirkt eine Dosis von bereits 0,03 Gramm des aus der Spanischen Fliege gewonnenen Cantharidins für uns Menschen bereits tödlich. Als man Spanische Fliege noch zur Libido-Steigerung nutzte, war damit der Grad zwischen Liebe und Tod äußerst schmal und höchst gefährlich.

SPANISCHE Tänzerin – Flamenco im Takt der Wellen

Der Blick ins Salatbeet genügt: Eine Nacktschnecke stellt man sich üblicherweise als glitschiges Schleimwesen vor, und das stimmt sogar. Kein Gartenbesitzer wird dafür besondere Sympathien aufbringen. Obwohl sie nächtens die Gemüsepflanzen roden, sind die Landschnecken eigentlich hochinteressante Tiere. Und welch komplexes Liebesleben die entwickeln ...

Im Lebensraum Meer gehören die nackten, gehäuselosen Schnecken zu den mit Abstand schönsten Tieren überhaupt. Meeresnacktschnecken bilden zudem eine ganz andere Verwandtschaftsgruppe als die übel beleumundeten Landnacktschnecken. Sie sind außerordentlich farbenprächtig und oft mit besonderen Körperanhängen dekoriert. Eine solchermaßen beeindruckende Erscheinung ist die bis einen halben Meter lange Spanische Tänzerin *(Hexabranchus sanguineus)*. Beim Schwimmen schwingt sie ihre seitlichen, knallig karminroten oder weißlich abgesetzten Mantelsäume wie eine Flamencotänzerin die Rüschen ihres lagenreichen Rockes. Die heftige Färbung ist eine warnende Adresse an Fische – die Schnecke schmeckt abscheulich.

SPANNER – Erdvermesser statt Lustmolche

Bei dem Begriff „Spanner" denken sicher die meisten von uns zunächst an solche Vertreter des männlichen Geschlechts, die ihren fragwürdigen Lustgewinn aus dem heimlichen Beobachten von (attraktiven) Frauen oder Liebespärchen ziehen. Wie kommt es aber dazu, dass auch eine der artenreichsten, über die ganze Welt verbreitete Schmetterlings-Familie so genannt wird? Mit dem Namen „Spanner" wie mit der wissenschaftlichen Bezeichnung Geometridae, was zu deutsch „Geometer" oder „Erdvermesser" bedeutet, nimmt man auf ein sehr markantes, gemeinsames Merkmal dieser Schmetterlinge Bezug. Weil ihre Raupen nur noch zwei Beinpaare am Hinterleib haben, nämlich das letzte Paar Bauchfüße und die „Nachschieber", bewegen sie sich in eigenartig „spannender" Weise fort. Sie strecken zunächst ihren Körper weit nach vorn, um sich dann mit den Brustfüßen festzuklammern. Nun ziehen sie ihren Hinterleib nach und klammern die Hinterleibsfüße dicht an den Brustfüßen an. Dadurch wird der Körper hochgewölbt und gekrümmt. Danach erfolgt erneutes Strecken ihres Vorderendes mit dem Nachziehen der hinteren Hälfte. Nachdem sich dieser Vorgang ständig wiederholt, wird man bei dieser eigentümlichen Art der Fortbewegung durchaus an einen Vermessungsvorgang erinnert.

Spitz und schlank – die SPATZENzunge

Ein Spatzengehirn produziert erwartungsgemäß keine staatstragenden Gedanken, und eine Spatzenzunge kann auch nicht besonders groß sein, denn sie muss unsichtbar sein, wenn der Spatz den Schnabel hält. Für die Spatzenzunge *(Thymelaea passerina)* wurden ihre schmalen, höchstens ein bis zwei Zentimeter langen Blätter zum Namensmerkmal. Die in Europa nur mit einer Art vertretene Gattung ist sogar der Namensträger der gesamten Familie Thymelaeaceae, die man konsequenterweise Spatzenzungengewächse oder (zunehmend) Seidelbastgewächse nennt, denn diese dekorativen, aber extrem giftigen Gehölze gehören auch dazu. Die Spatzenzunge, die auch in ihrem Artzusatz auf den Sperling (von lat. *passer* = Sperling) verweist, ist ein selten gewordenes Ackerwildkraut, das gerne in Spargelkulturen auftritt. Man nennt die Art auch Vogelkopf, weil ein schnabelartig lang ausgezogener Kelch zur Fruchtreife die Kapsel einhüllt.

Versponnene SPINNER

Hier geht es nicht um Hirngespinste, sondern um die Produkte aus Spinndrüsen. Eine aus unterschiedlichen Schmetterlings-Familien zusammengesetzte Gruppe von Faltern wird Spinner genannt. Die Falter fallen meist durch dicke, kräftige, oft stark behaarte Körper, breitflächige Flügel und einen langsamen Flug ins Auge. Bei manchen Arten fliegen die Weibchen überhaupt nicht oder ihre Flügel sind sogar zurückgebildet. Wichtigste Spinner-Familien sind die Schadspinner, Prozessionsspinner, Glucken, Nachtpfauenaugen und Zahnspinner. Auch Sichelflügler und Eulenspinner gehören dazu. Und kräftig spinnen tun sie alle. Die Raupen mancher Arten leben in schützenden Gemeinschaftsgespinsten („Raupennester") zusammen. Ande-

re schützen ihre Puppen mit festen Gespinst-Kokons. Eine Besonderheit ist der „Reusenkokon" des Kleinen Nachtpfauenauges. Nur nach außen passierbar, verwehrt er Eindringlingen den Zugang.

Ein STEINbeisser, der nicht von Loriot stammt

Die Älteren unter uns kennen den herrlichen, oft wiederholten Sketch, in dem Loriot den weltberühmten Frankfurter Zoodirektor Prof. Dr. Bernhard Grzimek in seiner Fernsehgeschichte geschriebenen Sendung „Ein Platz für Tiere" nachspielt. Loriot alias Prof. Grzimek hat diesmal eine winzige „Steinlaus", einen „Steinbeißer", mitgebracht, der, während der Fernseh-Zoologe doziert, einen ganzen Stein auf dem Moderationstisch wegraspelt. Der echte Steinbeißer oder Dorngrundel *(Cobitis tama)* ist dagegen ein bis zu zwölf Zentimeter großer, lang gestreckter Bodenfisch. Sechs kurze Bartfäden trägt er auf dem Oberkiefer. In klaren Fließgewässern und der Uferregion von Seen mit Schlamm- oder Sandgrund ist der Steinbeißer zu Hause. Tagsüber gräbt er sich

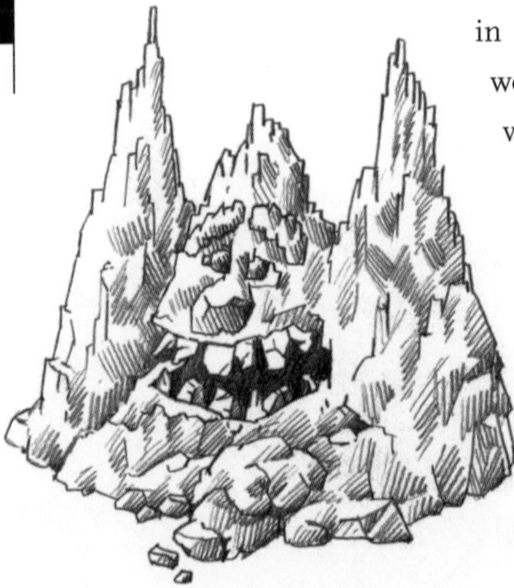

in den weichen Untergrund ein, wobei er keineswegs das Substrat verzehrt, das er dabei aufwirbelt, um mit Dämmerungsbeginn auf Suche nach kleinen, am Boden lebenden Wirbellosen zu schwimmen. Nur Steine frisst er nicht, der Steinbeißer, auch wenn er bei seiner Grabtätigkeit den Anschein erweckt.

In der Klemme sitzen: STEINbrech

Ein Gartenbeet mit seinen militärisch aufgereihten Salatköpfen muss für die Pflanzen ein Paradies sein – tiefgründig, locker und nährstoffreich. Verglichen damit geht es dem Steinbrech in seiner Felsritze geradezu erbarmungswürdig schlecht, denn er hat offensichtlich wenig Entfaltungsraum, kaum Wasser, vielleicht nur ein paar Krümel Erde und immer volle Sonne. Die meisten der heimischen Steinbrech-Arten (Gattung *Saxifraga*) sind Gebirgsspezialisten und behaupten sich irgendwo in Schrunden und Ritzen des Gesteins, wo Rieselwasser und Wind ein paar Löffel Feinerde zusammengetragen haben. Klein- und dichtblättrig sind sie, weil sie mit ihren wenigen Ressourcen erkennbar sparsam umgehen müssen, aber ihre Blütenstände sind unverhältnismäßig üppig. Es sieht wirklich so aus, als würden sie mit ihrem Wurzelwerk gewaltsam den Fels aufsprengen (lat. *saxum* = Fels, *frangere* = brechen). Auch eine andere Gattung, die Felsennelken (*Petrorhagia*, von griech. *petros* = Fels, *rhaio* = zertrümmern), ist offenbar ein Gesteinsknacker. Soweit die nahe liegende Deutung. In der Zeit vor

Carl von Linné hat man mit *Saxifraga* allerdings auch eine ganze Reihe von Pflanzen bezeichnet, die man traditionell als Mittel gegen Gallen- und Nierensteine einsetzt – sozusagen als Steinbruchwerker im Innendienst.

STEINwälzer – ein echter Interpret

In letzter Zeit ziemlich populär wurden Wettbewerbe, bei denen extrem kräftig gebaute, starke Männer, Dinge bewegen, die sich bei „Normalos" keinen Millimeter aus ihrer Ruhelage bringen lassen würden. Darunter befinden sich auch fette Steine. Dennoch ist „Steinwälzer" keine andere Bezeichnung für diese „strong men". Der Steinwälzer *(Arenaria interpres)* ist vielmehr ein nur knapp amselgroßer, auffällig kontrastreich gefärbter Schnepfenvogel, den wir bei uns an der Nordseeküste als Durchzügler, Übersommerer und Wintergast erleben können. Seinen Namen verdankt der Steinwälzer einer besonderen Technik des Nahrungserwerbs. Um an versteckte Beute, insbesondere Garnelen und andere Krebstiere zu gelangen, rennt er auf seinen für Schnepfenvögel ausgesprochen kurzen Beinen geschäftig durchs Watt oder an Felsenküsten entlang und wälzt Steine, Treibgut oder Tang mit Hilfe seines kräftigen Schnabels geschickt um. Vor allem im Winter ernähren sich Steinwälzer aber auch von den Küchenabfällen der Strandrestaurants und verschmähen selbst Aas nicht. Ihr wissenschaftlicher Name *Arenaria interpres* macht auf den zweiten Blick ebenfalls Sinn. *Arenarea* ist die weibliche Wortform von *arenarius,* was soviel bedeutet wie jemand, der etwas mit Sand zu tun hat. Aber wie stets mit *interpres* = Übersetzer/Interpret. Wer etwas interpretiert, schaut nach dem Sinn, er schaut dahinter. Und das würde im übertragenen Sinn auch für den hinter/unter Steinen nachschauenden Steinwälzer zutreffen.

STELZENläufer – vom Vorteil langer Gehwerkzeuge

Verlängerte Gehwerkzeuge faszinieren. Deshalb ist – oder war – der Stelzenlauf bei Kindern ebenso beliebt wie es die Stelzenläufer und -tänzer bei Umzügen oder im Zirkus sind. Eine Watvogelart, die mit den proportional längsten Beinen aller Watvögel ausgestattet ist, trägt dieses Merkmal als Familiennamen: Der Stelzenläufer *(Himantopus himantopus)* gehört zusammen mit dem Säbelschnäbler zur Familie der Stelzenläufer.

Wenn er fliegt, ragen die extrem langen, auffällig roten Beine des etwa taubengroßen Vogels noch 14 bis 17 Zentimeter über den Schwanz hinaus. Sein Name *Himantopus* setzt sich aus den griechischen Worten *himas* = Riemen und *ho pus* = Fuß zusammen. Wobei man wissen muss, dass „Riemen“ der Inbegriff für „lang und schmal“ war. So erklärt sich auch die weitere deutsche Bezeichnung „Riemenbein“ für den schwarz-weißen Vogel. Stelzenläufer sind in Europa lückenhaft verbreitet und leben in küstennahen Niederungen sowie an Steppenseen. Auf ihren langen Stelzen waten sie im flachen Wasser, um mit dem nadelfeinen Schnabel Insekten, kleine Krebse, Kaulquappen und Fischchen herauszupicken. Wo ähnlich große Watvögel diese Tätigkeit aber längst einstellen müssen, reicht dem Stelzenläufer das Wasser gerade mal bis zum Bauch!

Unterwasser-TEMPELchen

An Klippen in geringer Tiefe im Mittelmeer und im angrenzenden Atlantik sind 1,5 bis zwei Zentimeter kleine Tempelchen langsam unterwegs. *Gibbula tanulum,* das Tempelchen, ist eine Kreiselschnecke, deren kegelförmiges Gehäuse mit treppenartig gewölbten Umgängen tatsächlich etwas an ein Tempelchen erinnert. Das weißliche Gehäuse dieser Kreiselschnecke wirkt durch die rötliche Flämmung und die gleichmäßig verteilten dunkleren Flecken in den Nähten auffallend hübsch.

Verräterische Spuren: TEUFELsabbiss

Da es in der modernen Kulturlandschaft kaum noch Feuchtwiesen gibt, sieht man diese hübsche Pflanze nicht mehr so häufig: Ihre lila bis blauvioletten Blütenstände, die aus bis zu 70 Einzelblüten bestehen, erinnern stark an die Blütenkörbchen der Korbblütengewächse, aber die Art gehört zu den Kardengewächsen. Ihr tief im Boden steckender Wurzelstock wächst nur am vorderen Ende, stirbt an der Rückseite ziemlich glattrandig ab und sieht deswegen wie abgebissen aus. Der Volksglaube konnte sich diese seltsame Form eines Wurzelorgans überhaupt nicht erklären und bildete die Legende, der Teufel habe sie abgebissen. Das angebliche Teufelswerk blieb als offizieller Pflanzenname Teufelsabbiss und auch der wissenschaftliche Name *(Succisa pratensis)* nimmt diesen naiven Erklärungsversuch auf (lat. *succidere* = abschneiden).

TEUFELsbart – eine verwegene Haartracht

Auch in der heimischen Botanik geht es fallweise recht bärtig zu. Fast immer ist damit eine Pflanze in der Fruchtreife gemeint, und das Bild vom Bart betrifft den Fruchtstand bzw. einzelne Früchte, deren ausgeprägte Behaarung als Verbreitungshilfe durch Wind oder Tiere zu verstehen ist. Bei den *Pulsatilla*-Arten (vgl. Küchenschelle, Seite 78) sind es stark verlängerte Griffel, die lange, segelfähige Federschweife bilden. Da jedes der zahlreichen Nüsschen ein solches Flugorgan trägt, sieht der umfangreiche Fruchtstand aus wie ein wirrer Vollbart. Naive Gemüter können da leicht an Teufelswerk denken.
Etwas ziviler stellen sich die vergleichbaren Fruchtstände der alpin verbreiteten Nelkenwurz-Arten (Gattung *Geum*) dar. Sie kommen auf die gleiche Weise zu Stande wie bei den Pulsatillen, obwohl beide Gattungen verschiedenen Familien angehören. Wegen des etwas gesitteteren Aussehens vergleicht die Volksbotanik die Nelkenwurz-Fruchtstände (ihr Wurzelstock riecht nach Nelkenöl) mit dem Rauschbart des Apostels Petrus und nennt die Pflanzen fallweise Petersbart.

Der TEUFELszwirn lässt nicht mehr locker

Parasiten – da denkt man doch sofort an Blut saugende, Saft zehrende oder sonstwie heimtückische Kreaturen, die irgendwo zwischen lästigem Plagegeist und gefährlichem Monster rangieren. Trotz allgemeiner Ächtung sind solche Parasiten außerordentlich interessant, weil sie hochgradige Nahrungsspezialisten darstellen. Man findet sie nicht nur bei Flöhen und Fußpilzen oder Wanzen und Zecken, sondern auch bei den höheren Pflanzen. Einige von ihnen haben ihre Gestalt so stark verändert, dass sie auf den ersten Blick gar nicht als Blütenpflanzen erkennbar sind. So ist es unter anderem bei den Teufelsseiden *(Cuscuta)*, die man wegen ihrer vielfädigen Verworrenheit auch Teufelszwirn nennt. In Mitteleuropa ist die Gattung mit neun Arten (davon fünf eingeschleppt aus anderen Kontinenten) vertreten. Die wurzellosen und bleichen bis rötlichen Pflanzen bestehen nur noch aus ihren unbeblätterten, fadendünnen Sprossachsen. Diese legen sich als meterlange, reichlich verzweigte Geflechte auf ihren Wirtspflanzen mächtig quer und umgarnen Stängel und Blätter. An den Kontaktstellen zapfen sie ihre Wirte mit kleinen Saugscheiben an und zweigen dessen Stoffströme für ihren eigenen Betrieb ab. Wenn es sein muss, tankt eine *Cuscuta* auch an sich selbst – offenbar um unnötig lange Stoffleitungswege zu vermeiden. Man findet diese Arten vor allem an Flussauen auf Hopfen und Brennnesseln.

TÖLPEL sind nicht tölpelhaft

Bei uns, genauer gesagt auf Helgoland, brütet seit einigen Jahren eine Vogelart, die auf langen, schmalen Flügeln mit bis zu 190 Zentimeter Spannweite über das Wasser fliegt, um plötzlich innezuhalten und sich torpedogleich aus bis zu 40 Metern Höhe ins Wasser zu stürzen. Der Erfolg dieses Meisters im Stoßtauchen ist meist ein Fisch, den er gleich selbst verzehrt oder seinem einzigen Jungen auf dem schmalen Felsband am Kliff bringt. Basstölpel *Sula bassana* heißt die Art, die mit ihren Schwimmhäuten zwischen allen vier Zehen zur Ordnung der Ruderfüßer zählt. „Bass“ umschreibt nicht etwa eine Lautäußerung des Vogels, sondern nimmt auf die Felseninsel Bass Rock vor der Schottischen Ostküste Bezug, einen der Hauptbrutplätze dieser Art. „Tölpel“ wird die ganze Vogel-Familie der Sulidae bezeichnet. Der Name stammt von Seeleuten, auf deren Schiffen nicht selten tropische Tölpel zum Ausruhen landeten. Weil die Tiere keinerlei Fluchtverhalten zeigten, wurde ihnen die fehlende Scheu vor den Menschen als Dummheit ausgelegt. Man muss doch wohl ein „Tölpel" sein, wenn man wilden Seemännern so vertrauensvoll nahe kommt.

Ein Name, ein Programm – TOTENgräber

Ob deutsch oder lateinisch: Der Name Totengräber, respektive *Necrophorus* ist Programm. Von den insgesamt acht in Mitteleuropa vorkommenden Vertretern aus der Totengräber-Gruppe sind die etwa ein bis zwei Zentimeter großen Arten *N. vespilloides* und *N. vespillo* die häufigsten. Bei beiden Käfern spielt der Artname auf die rötlich-gelbe Zeichung ihrer Flügelbinden an, die an ein Wespenmuster (*Vespula* = Wespe) erinnert und potenzielle Feinden eine Warnung sein soll. Während bei *vespilloides* das schwarze Halsschild stets glatt ist, trägt *vespillo* dort einen zum Rand hin verdichteten „Pelzkragen" aus gelblichen Haaren. Das *N. vespilloides* als „Gemeiner" Totengräber bezeichnet wird, hat nichts mit einer etwaigen Heimtücke, sondern mit seiner Häufigkeit zu tun. Totengräber sind im gemäßigten Klimabereich Europas und Asiens weit verbreitet und kommen sowohl in Mischwäldern wie in offenem Gelände mit Gärten und Parks überall vor. Sie verrichten eine wenig appetitliche, dafür umso wichtigere Arbeit als Leichenbeseitiger. Es sind die männlichen Totengräber, die auf Leichensuche gehen. Hat ein Männchen eine kleine Tierleiche, einen Vogel, eine Maus oder eine Spitzmaus entdeckt, hebt er zunächst seinen Hinterleib empor, um mit den daraus abgelassenen Duftstoffen ein Weibchen anzulocken. Oft findet sich eine ganze Totengräberschar an dem Leichenfund ein. Doch nur das stärkste Paar wird schließlich zu Leichenbesitzern und paart sich schnell noch vor der anstehenden Arbeit. Beide Tiere versenken dann die Tierleiche durch Untergraben in den Erdboden. In der Grabkammer wird die

Leiche schließlich zu einer Kugel geformt. Danach legt das Totengräber-Weibchen die zehn bis zwölf Eier in einen extra gegrabenen Seitengang ab, um sich schließlich auf der Leiche zu postieren. Jetzt beginnt sie mit dem Ausscheiden von gewebeauflösendem Magensaft, den sie auf die Tierleiche tröpfelt. Die nach fünf Tagen geschlüpften Larven machen sich sofort auf den Weg in die Grabkammer und kriechen zur Mutter, die in einer Grube auf dem Tierkörper sitzt. Dort füttert sie ihre Larven mit kleinen Tropfen des aufgelösten Tierkadavers von Mund zu Mund. Erst nach mehreren Häutungen versorgt sich der Nachwuchs im letzten Larvenstadium selbstständig von dem Leichenvorrat. Nach zwei Wochen Puppenruhe schlüpfen schließlich die jungen Totengräber, um von nun an als „Käfer-Gesundheitspolizei" ihrem wenig attraktiven, aber umso bedeutsameren Job nachzugehen. Womit sie sich mit ihren menschlichen Arbeitskollegen in bester Gesellschaft finden.

TOTENuhr – missverstandenes Ticken

Plötzlich wird die nächtliche Stille in dem häuslichen Krankenzimmer von einem eigenartigen Geräusch, wie von einer Uhr, unterbrochen, das aus dem Eichengebälk des alten Fachwerkhauses zu kommen scheint. Man sagt, es ist die Totenuhr mit ihrem unregelmäßigen Ticken, die als böses Vorzeichen auf einen baldigen Todesfall in dieser Familie hinweist. Die Geräusche aus den alten Eichenbalken stammen jedoch keineswegs von Todesverkündern. Vielmehr machen die Geschlechter unseres größten Klopfkäfers, *Xestobium rufovillosum,* in den pilzbefallenen, modernen Eichenbalken mit diesen Geräuschen wechselseitig auf sich aufmerksam. Nach fünf- bis zehnjähriger Larvenzeit, in der sie die Gänge in das Holz gefressen haben, und nach ihrer Puppenzeit, schlagen jetzt die geschlüpften Klopfkäfer in rascher Folge mit der Vorderbrust an ihre Gangwände und erzeugen so das eigenartige Ticken. Aus drei bis fünf Millimeter großen Fluglöchern kriechen sie schließlich ins Freie. Nach der Paarung legt das Weibchen bis zu 50 Eier. Die daraus geschlüpften Larven tauchen in die Fluglöcher ab und fressen neue Gänge durch das Holz als ihre einzige Nahrungsquelle. Ohne die Hilfe symbiontischer Organismen könnten es die Klopfkäfer-Larven allerdings nicht verdauen. Zu Zersetzung der Zellulose tragen Bakterien und Pilze bei, die in Säckchen an ihrer Darmwand angesiedelt sind und von Generation zu Generation übertragen werden. Die beste Vorbeugung vor nächtlicher „Ruhestörung" durch die „Totenuhr" ist trockenes, gesundes Holz, das durch diese Klopfkäferart wie auch den verwandten „Trotzkopf" nicht befallen wird.

Stehplatz in der Steilwand: TROTTELlummen

Rund neun Monate des Jahres verbringen sie auf hoher See im Nordatlantik. Nur zum Brüten kommen sie ab Ende März an Felsküsten mit Steilklippen, zum Beispiel den berühmten Helgoländer Vogelfelsen, und bleiben dort bis etwa Juni: Hier bilden die eigenartigen Trottellummen *(Uria aalge)* auf den Erosionsgalerien im Naturschutzgebiet Lummenfelsen eine Brutkolonie mit rund 2500 Brutpaaren. Lummen bauen keine Nester und legen ihr Ei direkt auf den nackten Fels. Die Kreiselform verhindert, dass die Eier im Gedränge beim Landen von den schmalen Galerien kullern oder bei auflandigem Wind in bedrohliche Randlage geraten.

Lummen sehen aus wie kleine Pinguine. An Land bewegen sie sich auch ebenso tapsig fort. Im Unterschied zu den Pinguinen können sie jedoch fliegen, wenn auch nicht besonders gut. Nur beim Tauchen sind sie enorm schnell und wendig. Die unbeholfenen und leicht vertrottelt wirkenden Gehbewegungen haben ihnen wohl den Namen eingetragen. Das allerdings hatte bezeichnende Auswirkungen auf die Pinguine, obwohl die Trottellummen zu den Alken gehören und mit den Pinguinen überhaupt nicht verwandt sind. Englische Seeleute nannten den ebenso unbeholfen wirkenden, heute ausgerotteten Riesenalk, der einst an den Küsten nordatlantischer Inseln brütete, *ping-wing* (= Stummelflügler).

Daraus wurde Pinguin, und Carl von Linné leitete davon den wissenschaftlichen Artnamen *Pinguinus impennis* ab. Der einst arktisweit verbreitete Riesenalk wäre somit der erstbenannte Pinguin. Als James Cook und Georg Forster 1772 weit in die hohen Breiten der Südhalbkugel vorstießen und den antarktischen Kontinent entdeckten, beobachteten sie dort Vögel mit konturscharf schwarz-weiß abgesetzten Gefiederpartien, die wie die ihnen bekannten nordischen Alke aussahen. So nannten sie die Tiere folgerichtig Pinguine. Erst Georges Louis Buffon erkannte, dass die antarktischen Pinguine und die arktischen Alken völlig verschiedenartige Verwandtschaftsgruppen darstellen.

TÜRKENbund Prachtvoll herausgeputzt:

Prinz Eugen, der edle Ritter, würde heute fassungslos zur Kenntnis nehmen, dass Mitteleuropa mit einem Netz von Dönerbuden überspannt ist. Aber türkisches Kulturgut übte auch schon vor seiner Zeit eine gewisse Faszination aus. Schon in der frühen Neuzeit verglich man die prachtvolle Blüte der Türkenbund-Lilie *(Lilium martagon)* – ein hübsches Arrangement aus sechs zurückgebogenen Blütenblättern – mit einer unter Sultan Mohammed I. um 1420 neu eingeführten Turbanform. Diese spezielle Kopfbedeckung heißt türkisch *martagan*, was im wissenschaftlichen Artzusatz anklingt. Eine andere sprachliche Deutung versucht, diesen Begriff vom römischen Kriegsgott Mars abzuleiten, was in diesem Zusammenhang aber keinen Sinn ergibt. Dagegen könnte der deutsche Pflanzenname Türkenbund eine verschliffene Entlehnung vom türkischen *tulbent* = Turban sein – ein Wort, das auch im Namen der Tulpe („Tulipan") steckt.

UNGARNkappe – eine Schnecke macht auf Folklore

Sie zählt zu den Hutschnecken (Capulidae), für die man gerne Vergleiche mit menschlichen Kopfbedeckungen heranzieht. Weil ihr Gehäuse frappierend an eine ungarische Kopfbedeckung erinnert, wurde sie folgerichtig Ungarnkappe *(Capulus hungarius)* benannt. Allerdings ist der Gehäusedurchmesser der Ungarnkappe mit gerade mal fünf Zentimeter eher ein Käppchen. Kegelförmig reckt es sich nach oben, wobei die zentrale Spitze leicht spiralig nach hinten eingerollt ist. Die Gehäuseoberfläche zeigt ein bewegtes Relief von Radiärstreifen und konzentrischen Anwachsrippen. Außen weißlich gelb bis rosa und braun strahlt dagegen die innere Perlmuttschicht der Ungarnkappe ganz in weiß. Ihr Lebensraum ist das Mittelmeer, der Atlantik und die Nordsee. Dort leben die Ungarnkappen auf Hartböden, oft auf leeren Muschelschalen und ernähren sich von Kleinalgen und aus dem Wasser gefiltertem Detritus. Während die Jungschnecken noch manchmal ihren Standort wechseln, „kleben" die älteren Schnecken an ihrem einmal gewählten Standort. Und noch etwas an ihnen erinnert an echte Kappen: Die äußere Deckschicht (Periostrakum) ihrer Schale ist mit feinen Härchen besetzt, die sich wie Filz anfühlen.

UNGLÜCKshäher – unheilvoller Umhersammler

Als Rabenvogel ist der nur etwa wacholderdrosselgroße, graubraune Häher mit seiner Rosttönung im Flügelbugbereich, an Bürzel und an den meisten Federn des langen, gestuften Schwanzes recht attraktiv. Dennoch haftet ihm seit alters her der Ruf eines Unglücksvogels an, was sich in seinem deutschen wie im wissenschaftlichen Artnamen (*infaustus* = unheilvoll) widerspiegelt. *Perisoreus infaustus*, unheilvoller Umhersammler, ist sein kompletter Name. Der Tribut, den Unglückshäher an ihre raue, oft unwirtliche nordische Waldheimat entrichten müssen, führte wahrscheinlich zu ihrem schlechten Ruf. Ständig auf der Suche nach Nahrung, vor allem Raupen und Käfer, die sie als Wintervorräte in Spalten von Baumrinden oder hinter

Flechten im Geäst verstecken, ziehen die kleinen Umhersammler ziemlich ruhelos durch ihr Revier. Wenn sie plötzlich lautlos und unerwartet Wanderern in der Taiga erschienen und dann noch ohne Scheu deren Vorräte inspizierten, wurde dies gerne als unheilvolle Begegnung gewertet. Was bleibt den Unglückshähern aber anderes übrig? Selbst weiche Niststoffe, die sie beim Umherstreifen zufällig finden, sind ihnen für die spätere Isolierung ihres Nestes so wichtig, dass auch sie von den Umhersammlern in Verstecken deponiert werden.

Antike Kosmetik: VENUSkamm

Bei den alten Römern hieß sie Venus, bei den noch älteren Griechen Aphrodite – die Göttin der Schönheit. Für gutes Aussehen brauchte man auch schon damals allerhand Gerätschaften. Ein Kamm, mit dem sich die Schöne nach Loreleymanier ihr – da sie als Schaumgeborene dem östlichen Mittelmeer entstieg, mutmaßlich dunkles – Haar richtete. Dieses Bild hat die Fantasie früherer Artenbeschreiber angeregt, und folglich finden sich unter den Organismennamen gleich mehrere Venuskämme.

Die pflanzliche Ausgabe ist der zu den Doldenblütlern gehörende Venuskamm *(Scandix pecten-veneris)* – so genannt, weil die bis zu acht Zentimeter langen geschnäbelten Früchte dicht nebeneinander aufrecht stehen wie Kammzinken. Die Begleitflora der Getreideäcker, wo diese Art vorkommt, liefert praktischerweise auch gleich den benötigten Spiegel: Der Frauen- oder Venusspiegel *(Legousia speculum-veneris)* ist ein Glockenblumengewächs. Der Spiegel ist ein grellgelber Fleck inmitten der leuchtend violettblauen Blüte.

Als Venuskamm bezeichnet man auch die im Meer vorkommende Stachelschnecke *(Murex pecten)*. Ihr bis zu 14 Zentimeter langes Gehäuse trägt randlich lange, dünne Stacheln wie Kammzinken. Aus den Schnecken dieser Verwandtschaftsgruppe gewann man in der Antike den sehr begehrten Textilfarbstoff Purpur.

Ein VIELFRASS, der keiner ist

Zwar ist der „Bärenmarder", so die Umschreibung des mit bis zu 25 Kilogramm größten Marders in Europa, bei nordischen Völkern nicht gerade beliebt. Auf seinen weiten Streifzügen durch die nördliche Taiga, Tundra und Nadelwaldregion plündert *Gulo gulo* schon mal Köder oder Fänge aus ihren Fallen, macht sich in den Blockhütten über Vorräte her und vergreift sich selbst einmal an Ren- oder anderen Haustieren. Dennoch ist er kein Vielfraß. Sein Name kommt schlicht durch einen Übersetzungsfehler zu Stande. Im Schwedischen Fjellfraß = Felsenkatze, im Norwegischen Fjeldfross = Bergkater genannt, übersetzte man Fjell mit viel und fraß mit fressen. Für das raue Leben ist der „Bergkater" bestens gerüstet: Dunkelbraunes, sehr dichtes Fell, buschiger Schwanz, dicke, stark bekrallte Pfoten, kräftiges Gebiss und vor allem sehr ausdauernd. Wählerisch darf man nicht sein, und ein Vielfraß erst recht nicht, wenn man im hohen Norden überleben will.

Ach, du kriegst die Motten: WANZEnsame und andere Abhilfen

Manchmal stößt die Liebe zur Natur an Grenzen – nachvollziehbar beispielsweise bei Arten, die den Menschen als ihren eigenen Biotop beanspruchen und zu lästigen Eindringlingen werden. Eine ganze Galerie solcher als Ungeziefer bezeichneten Kleintiere ist auch in Pflanzennamen verewigt, denn bevor man mit moderner Hygiene die Ansiedlungserfolge von Humanparasiten deutlich eindämmte, versuchte man eine (meist erfolglose) Abhilfe mit pflanzlichen Mitteln. Abkochungen von Flohkraut (*Pulicaria vulgaris*; lat. *pulex* = Floh) sollten die Flöhe vertreiben, ein Tee aus Läusekraut (*Pedicularis*-Arten; lat. *pediculus* = kleine Laus) die saugenden Parasiten aus der Frisur verbannen. Der in norddeutschen Moorgebieten vorkommende Sumpf-Porst *(Ledum palustre)*, mit dem man zeitweilig auch das Bier aromatisierte, ist regional als Mottenkraut bekannt und sollte mit seinem intensiven Geruch einen wirksamen Schutzschild aufbauen, und das in die Königskerzen-Verwandtschaft gehörende Schabenkraut (*Verbascum blattaria*; lat. *blatta* = Schabe) die Vorratsschädlinge ausbremsen. Vielfach Bestandteil von Pflanzennamen ist die Bettwanze, die heute schon fast auf der Roten Liste bedrohter Arten steht. Das von Niederösterreich bis auf den Balkan verbreitete Wanzenkraut *(Cimicifuga europaea)*, ein ansehnliches Hahnenfußgewächs, riecht nach Wanzen und sollte die ungebetenen Bettgenossen in die Flucht schlagen (lat. *cimex* = Wanze, *fuga* = Flucht). Beim Wanzensamen (*Corispermum*-Arten; griech. *koreos* = Wanze) sehen die Früchte wanzenähnlich aus und wurden zerstoßen als Kampfstoff eingesetzt. Die Erfolgsquote ist auch in diesem Fall nicht überliefert.

WARZENbeisser – springlebendige Naturheilmethode

Mit bis zu 4,5 Zentimeter Länge kann der Warzenbeißer noch etwa ein Zentimeter größer werden als das mit ihm nah verwandte Grüne Heupferd. Warzenbeißer sind jedoch gedrungener und kräftiger gebaut. Auch kommen sie nicht immer grün, sondern auch als braune oder grünbraune Farbtypen daher. Trotz viel kürzerer Flügel können Warzenbeißer ausgezeichnet fliegen. Nasse und trockene Wiesen, aber auch Heideflächen und Äcker sind der Lebensraum von

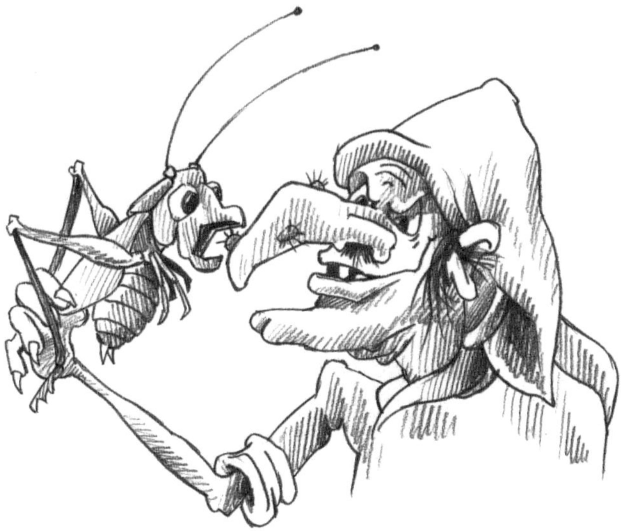

Decticus verrucivorus. Den Namen Warzenbeißer erhielt er, weil man glaubte, sein Biss oder Magensaft könnten Hautwarzen beseitigen. Dieser Volksglauben ist nicht nur weit verbreitet, sondern auch recht alt. Als Carl von Linné 1758 den Warzenbeißer benannte, nutzte man ihn schon zum Entfernen von Warzen, eine Naturheilmethode, die in Oberschlesien immerhin noch bis in die 1940er Jahre erfolgreich praktiziert wurde.

WASSERfeder – eine schicke Sumpfblüte

Von Wassergeflügel hat man schon gehört, und manchmal schwimmt auch eine Entenfeder auf dem Stadtparkteich, aber eine Wasserfeder? Die Vogelfeder dient in diesem Fall als Vergleichsobjekt für die feinfiederig zerteilten Unterwasserblätter von *Hottonia palustris*, einer bildschönen Vertreterin der Primelgewächse in seichten heimischen Stillgewässern mit tiefen Schlammböden. Der von Carl von Linné eingeführte wissenschaftliche Gattungsname ehrt den Leidener Arzt und Botaniker Pieter Hotton (1648–1709), der um 1670 das damals niederländische Südafrika bereiste und in der Kapregion Pflanzen sammelte.

WASSERläufer – nicht tanzend, sondern jagend auf dem Wasser

Wir haben sie alle schon mal gesehen, die Wasser-, Teich- und Bachläufer. Kleine Insekten, die besonders an warmen Sommerabenden in Vielzahl auf Teichen und größeren Pfützen mit ihren langen Beinen auf der Wasseroberfläche umherhuschen, als ob sie tanzen würden. Es sind knapp ein bis fast zwei Zentimeter große, schlanke bis sehr dünne Insekten, deren dichte, wasserabstoßende Behaarung an der Unterseite ihrer Beine ein Einsinken verhindert. Wasser-, Teich- und Bachläufer zählen allesamt zu den Wanzen. Nicht zum Tanzvergnügen, sondern zum Nahungserwerb gehen sie aufs Wasser. Wenn ein Wasserläufer der Gattung *Gerris* dies tut, breitet er seine weit über körperlangen Mittel- und Hinterbeine kreuzweise auf dem Wasserspiegel aus. Die kürzeren Vorderbeine bleiben angewinkelt. Mit kurzen, schnellen Schlägen der Mittelbeine sich vorwärts bewegend, registriert der gut entwickelte Erschütterungssinn des Wassertreters leichteste Bewegungen auf der Wasseroberfläche. Dorthin treibt es ihn, um ein ins Wasser gefallenes Insekt mit den Vorderbeinen zu packen und anschließend zu verzehren.

WASSERtreter ohne Kneippkur

Wassertreten ist eine der Übungen, die Dr. Sebastian Kneipp seinen Patienten einst verordnete. Heute noch frönen zahlreiche Kneipp-Anhänger dieser Tätigkeit mit hochgewickelten Hosenbeinen oder -gerafften Röcken in ihrer Kur. Im

Tierreich gibt es „Wassertreter“ gleich mehrfach. Zum einen wird so eine Schwimmkäfer-Gattung *Haliphus* genannt, von der es bei uns etwa 20, nur schwer voneinander unterscheidbare Arten gibt. Die sehr kleinen, zwei bis drei Millimeter langen Wasserkäfer haben einen eiförmigen, gelblich gefärbten und nach hinten zugespitzten Körper. Weil sie mit abwechselnd tretenden Bewegungen der Hinterbeine schwimmen, dazu noch weniger flink als die Schlammschwimmer mit der gleichen Beintechnik, heißen sie Wassertreter. In langsam fließenden und stehenden Gewässern sind Wassertreter zu finden – vielleicht sogar einmal im Tretbecken eines Kneippbades. Die anderen Wassertreter sind zwei kleine, zierliche Tundrenvögel des Nordens, die an der Küste oder an seichten Tundrengewässern leben. Dort schwimmen Odinshühnchen *(Phalropus lobatus)* und Thorshühnchen *(P. fulcorius)* auf ihrem Nahrungsgewässer und wirbeln tretend unter kreiselförmigen Körperdrehungen Planktonorganismen hoch, um sie eilig von der Wasseroberfläche abzupicken. Der Familienname Phalaropodidae der Wassertreter hat auch etwas mit Fuß zu tun. Weil dieser mit Hautlappen ähnlich dem Blässhuhn versehen ist, bedeutet Phalaropus „Blässhuhn-Fuß“, vom Griechischen *phalaris* = Blässhuhn und *lobatus* = mit Lappen versehen, während *fulcorius* auf Lateinisch blässhuhnartig heißt.

WEBERknecht – keineswegs Opfer der Ausbeutung

Mit seinen „Webern“ hat Gerhard Hauptmann ein literarisches Denkmal gegen die Ausbeutung von Menschen geschaffen. Davon kann bei den Weberknechten nicht die Rede sein. Sie sind keineswegs die Knechte der Weber, und damit eine noch geringere Kaste, sondern eine Ordnung der Spinnentiere. Wie bei den Pseudoskorpionen sind auch bei den Weberknechten Vorder- und Hinterkörper zu einer kompakten Einheit verschmolzen. Die Beine von den meisten der 50 in Mitteleuropa vorkommenden Arten sind außerordentlich lang. Sie spinnen (weben) zwar keine Netze. Wenn sie sich bei einer Häutung an Keller- und Höhlendecken oder Hauswänden festhalten und die überlangen Beine schleifenförmig aus ihren zu klein gewordenen Hüllen herausziehen, erinnert der Vorgang, wie die zurückbleibende, filigrane Weberknecht-Haut, aber schon etwas an Weben.

Ein **WELLEN**läufer, der keiner ist

Während Wasserläufer und Co. auf dem Wasser laufen können, gelingt es nur menschlichen Wellenreitern mit Brettunterstützung auf hohen Brandungswellen zu „reiten". Obwohl sie „Wellenläufer" heißen, beherrschen die so bezeichneten Vögel dieses Kunststück nicht wirklich. Der Wellenläufer *(Oceonodroma leucorhoa)* ist ein etwa 20 Zentimeter großer, zur Familie der Sturmschwalben zählender Seevogel. An nordatlantischen Felsküsten brütend, taucht der Wellenläufer nach Weststürmen auch regelmäßig in der südlichen Nordsee auf. Eine zweite Art, der Madeirawellenläufer *O. castro*, brütet auf Inseln vor Madeira, dem portugiesischen Festland sowie auf den Kanaren und Azoren. Mit *Oceanodroma* = Ozeanläufer (*dromes* = der Lauf) ist die Gattung treffend umschrieben. Wenn die Wellenläufer mit herabhängenden Beinen dicht über dem Wasser fliegen, um von der Wasseroberfläche ihre Nahrung aufzunehmen, sieht ihr hüpfender Flug tatsächlich wie ein Wellenlaufen aus.

WIESENweihe – aus zwei bestehender Weißbürzel

Das Volk unterschied früher nicht zwischen den Milanen und Weihen. Von den Milanen kommen bei uns der Schwarz- und der Rotmilan vor. Letzterer wird wegen seines tief eingekerbten Schwanzes auch als „Gabelweihe“ bezeichnet. Wobei „Gabelweihe“ eigentlich zweimal das Gleiche ausdrückt. Denn „Weihe“ geht auf das indogermanische „wie–o“ zurück, was soviel wie aus „zwei bestehend, Zweig“ bedeutet. Auf Griechisch heißt Weihe „ho kirkos“. Womit wir beim Gattungsnamen *Circus* der Weihen wären. Der Artname *pygarus* („Weißbürzel“) unserer Wiesenweihe nimmt Bezug auf die auffällig weißen Oberschwanzdecken bei den sonst dunkelbraunen, weiblichen Wiesenweihen. Ein keineswegs exklusives Merkmal, das Wiesenweihen mit den anderen „Weißbürzel-Weihen“ Korn- und Steppenweihe teilen. Der erste Namensteil aller drei Genannten, Korn, Wiese, Steppe, nimmt Bezug auf ihr Vorkommen in offenen Landschaften. In intensiv genutzten Agrarlandschaften hat die Kornweihe jedoch trotz ihres Namens keine Überlebenschancen. Sie brütet nämlich im Gegensatz zu der Wiesenweihe nicht im Getreide. Wiesenweihen kommen dagegen zwar eher in feuchten Niederungsgebieten, offenen Buschlandschaften sowie trockenem Wiesenland vor, können ihre Jungen im Bodennest aber auch in Wintergetreide wie Roggen und Weizen großziehen, solange die Brut durch die Ernte nicht gestört

oder vernichtet wird. Während die Wiesenweihe als Zugvogel hauptsächlich in Afrika überwintert, handelt es sich bei Winterbeobachtungen von „Weißbürzel-Weihen“ bei uns um Kornweihen. Die Kurzstreckenzieher kommen aus ihren nördlichen Brutgebieten wie Mooren, Marschwiesen, Heide-, Dünengebieten und Verlandungszonen zu uns ins binnenländische, mitteleuropäische Kulturland, um in ganzen Gruppen an traditionellen Schlafplätzen in Streuwiesen, Schilf oder Altgrasbeständen zu nächtigen und tagsüber über Äckern und Wiesen im weihentypischen, niedrigen Suchflug, gaukelnd und mit v-förmig angehobenen Flügeln nach Mäusen zu spähen. Somit ist eine Weihe auf oder über einer Wiese noch lange keine Wiesenweihe, und eine Weihe im sommerlichen Kornfeld kann zwar eine Wiesenweihe oder eine Rohrweihe sein, auf keinen Fall ist sie eine Kornweihe!

ZAUBERbuckel im Spülsaum

Dass schon mal eine versiegelte Flasche im Spülsaum einer Meeresküste gefunden wurde, aus der nach dem Öffnen keine Flaschenpost, sondern ein Wünsche erfüllender Zaubergeist herauskam, ist leider nur Legende. Dagegen sind zwei bis drei Zentimeter große Zauberbuckel an den Spülsäumen von Mittelmeer, Atlantik und Nordsee häufig zu finden. Es sind die kegeligen Gehäuse der zu den Kreiselschnecken gehörenden *Gibbula magus*. Sieben treppenartig abgesetzte Umgänge, die durch eine tiefe Naht getrennt sind und oben runde Buckel tragen, hat so ein Zauberbuckel-Gehäuse. Über die gelblich weiße Grundfärbung des Schneckengehäuses ziehen sich rote, strahlige Streifen und Flammen. Oft noch mit roten Krustenalgen überzogen, sehen Zauberbuckel zumindest zauberhaft aus.

ZIEGENmelker – Nachtschatten auf Milchklau?

Ein seltsamer Name für einen der eigenartigsten Vertreter aus unserer einheimischen Vogelwelt! Kaum jemand hat ihn schon gesehen. Der amselgroße, langschwänzige Insektenjäger mit dem kleinen Schnabel und riesigen Rachen ist nämlich nur ab Dämmerungsbeginn und in der Nacht auf langen Flügeln unterwegs. Tagsüber ist der Bodenbrüter durch seine Gefiederfärbung und sein Verhalten hervorragend getarnt: In Längsrichtung und mit geschlossenen Augen auf einem Holzstück oder Ast sitzend, verschmilzt er in seinem rindenfarbigen Gefieder geradezu mit dem Untergrund. Am ehesten verraten Ziegenmelker ihre Anwesenheit durch den minutenlangen, schnurrenden Balzgesang, ihre „ku-ik"-Rufe und einem lauten Flügelknallen der Männchen bei ihren Imponierflügen. Eigentlich ist es überraschend, dass das markante Schnurren nicht namensgebend war. Die alte Vorstellung, von der bereits griechische und römische Schriftsteller berichteten, dass Ziegenmelker nachts die Euter von Ziegen leeren, wurde zwar fleißig weitergegeben, aber wohl nie wirklich hinterfragt. Seit Carl von Linné (1758), dem Pabst der zoologischen Systematik, trägt der Vogel den offiziellen wissenschaftlichen Namen *Caprimulugus* (von *capra* = Ziege und *mulgeo* = melken). Von Italien über Frankreich, Deutschland, Dänemark und England wird er gleichermaßen benannt: Succiacapra, tette-chévre, Ziegenmelker, gjedemelker und goat-sucker. Es lässt sich rätseln, ob der Auslöser für die Namensgebung die Beobachtung war, dass sich Insekten gerne in der Nähe von Weidetieren aufhalten und ein Vogel der in Euternähe Insekten fängt, leicht zum Milchklau mutiert. Wer aber will dies ernsthaft im Dunkeln gesehen haben? Weil diesen „Nachtschatten", so sein Zweitname, keiner wirklich kannte, war der Ziegenmelker vielleicht auch die perfekte Ausrede für Ziegenhüter, die ein gutes Argument für leere Euter gegenüber ihren erbosten Herdenbesitzern parat haben mussten. Da kam ihnen der große Rachen des Vogels, den man sich passend am Euter vorstellen kann, vielleicht gerade recht. Wenn auch nicht auf Milchklau, so doch auf Insektenjagd und balzfliegend nächtens unterwegs, können wir den Langstreckenzieher von Ende April bis Anfang August bei uns in Heide- und Dünengebieten oder lichten Kiefernwäldern, dort bevorzugt auf Kahlschlägen, schnurren und rufen hören. Die ganz Glücklichen unter uns sehen vielleicht sogar weiße Flecken plötzlich im Dunkeln aufblitzen. Das sind Marken an den Flügelenden und äußeren Schwanzfedern der Ziegenmelker-Männchen, die nur bei den fliegenden Nachtschatten sichtbar werden.

ZILPZALP – für Kenner eindeutig

Er ist bedeutend kleiner als ein Sperling. Oberseits olivgrün und unterseits schmutzig weiß. Vom nahe verwandten Fitis ist dieser bei uns weit verbreitete Vogel aus der Zweigsänger-Familie im Freien praktisch nur durch seinen Gesang zu unterscheiden. Während der Fitis *(Phylloscopus trochilus)* wehmütig, schmachtend, in hellen Tönen dahinfließend singt, und seine Rufe ein weiches „hü-it" sind, beginnt *P. collybita* oft mit einem harten „tret tret ...", um in einer Reihe zusammengesetzter Silben „zilp zalp zalp zilp zilp zalp ..." weiterzusingen, die ihm seinen Namen einbrachten. Aus Baumkronen unterholzreicher Wälder, Gärten und Parks kann man den Zilpzalp „zilpzalpen" hören.

ZORILLA – aus Verwechslung zum Stinktier

So viel man mit dem Namen „Gorilla" verbindet, so wenig können die meisten mit „Zorilla" etwas anfangen. Immerhin leben beide Tierarten ausschließlich in Afrika. Wobei es sich bei „Zorilla“ um den Bandiltis *(Ictonyx striatus)* handelt. Das zu den Wieselartigen zählende, nachtaktive Kleinraubtier ähnelt mit seinen weißen, bandartigen Streifen dem mittelamerikanischen Stinktier (Gattung *Sphilogale*), das im Spanischen „Zorilla“ heißt. Wegen dieser Verwechslung, wahrscheinlich durch einen herumreisenden Naturkundler, dem der „echte“ Zorilla von Mittelamerika her bekannt war, hat der afrikanische Bandiltis seinen Namen Zorilla weg.

Kleiner geht es wirklich nicht: ZWERGlinse

Alle fangen einmal klein an – als manchmal staubfeine Samenkörner. Die kleinste Blütenpflanze der Welt kommt aber selbst voll ausgewachsen kaum über Samenkorn-Maße hinaus: Die Zwerglinse wird kaum mehr als einen Millimeter lang und etwa 0,6 Millimeter hoch – sie sieht damit wirklich aus wie eine winzige Linse. Ihren wissenschaftlichen Namen *Wolffia arrhiza* erhielt sie nach dem Schweinfurther Arzt und Botaniker Johann Friedrich Wolff (1778–1806), der um 1800 eine umfangreiche Abhandlung über Wasserlinsen verfasste. Regional auch Entengrütze genannt, sind sie im Sommer überall auf stehenden Gewässern zu sehen. Im Unterschied zu den größeren Teich- und Wasserlinsen, die ihre Wurzeln wie Kielschwerter oder Treibanker in das Wasser eintauchen lassen, ist die Zwerglinse völlig wurzellos. Die Oberseite ist flach gewölbt, die Unterseite stärker bauchig. Sie treibt also wie eine flache Segeljolle auf dem Wasser. Angesichts dieser einfachen Formgebung ist nicht einmal sicher zu entscheiden, ob diese Linse nun eigentlich ein umgewandeltes Blatt oder eine stark gestauchte Sprossachse ist oder gar beides. Blüten entwickelt sie in unserem Klima allerdings nie, sondern vermehrt sich einfach durch ständige Abschnürung von neuen Linsen.

Z

ZYPRESSEnmoos – die Nordsee grünt im Blumentopf

Reihenweise stehen die dekorativen Plastiktöpfe mit ihren grasgrünen Büscheln im Kaufhausregal und erwarten ihren Platz auf der häuslichen Fensterbank. Zweierlei muss daran außer dem Namen Zypressenmoos stutzig machen – der erstaunlich niedrige Preis und der ausdrückliche Hinweis, diese extrem pflegeleichte Zimmerpflanze sei immer frisch und brauche nie gegossen oder gedüngt zu werden. Genaueres Hinsehen löst das Rätsel auf: Trotz ihres pflanzlichen Aussehens sind die fein und dicht verzweigten, etwas mehr als handlangen Ästchen, die ein wenig wie ein hochfloriger Moosrasen aussehen, schaurig schön zum Dauergrün eingefärbte Tierkolonien, genauer die Polypenstöckchen von *Sertularia cupressina*. Die Kolonien bilden auf dem Grund der Nordsee dichte untermeerische Rasen und sind häufiger Beifang der Muschelfischerei. Tatsächlich erinnern sie mit ihren zweireihigen Verzweigungen an die flachen Äste von Lebensbäumen und Scheinzypressen, wie man sie auf jedem Dorffriedhof findet.

REGISTER

Mit 60 Schwarzweiß-Cartoons von Friedrich Werth, Horb

Umschlaggestaltung von eStudio Calamar unter Verwendung einer Illustration von Friedrich Werth, Horb

Bibliografische Information Der Deutschen Bibliothek
Die Deutsche Bibliothek verzeichnet diese Publikation in der Deutschen Nationalbibliografie; detaillierte bibliografische Daten sind im Internet über http://dnb.ddb.de abrufbar.

Informationen senden wir Ihnen gerne zu

Bücher · Kalender · Experimentierkästen · Kinder- und Erwachsenenspiele
Natur · Garten · Essen & Trinken · Astronomie
Hunde & Heimtiere · Pferde & Reiten · Tauchen · Angeln & Jagd
Golf · Eisenbahn & Nutzfahrzeuge · Kinderbücher

KOSMOS Postfach 10 60 11
D-70049 Stuttgart
TELEFON +49 (0)711-2191-0
FAX +49 (0)711-2191-422
WEB www.kosmos.de
E-MAIL info@kosmos.de

Gedruckt auf chlorfrei gebleichtem Papier

© 2006, Franckh-Kosmos Verlags-GmbH & Co. KG, Stuttgart
Alle Rechte vorbehalten
ISBN-13: 978-3-440-10232-9
ISBN-10: 3-440-10232-7
Projektleitung: Dr. Stefan Raps
Lektorat: Bärbel Oftring
Produktion: DOPPELPUNKT Auch & Grätzbach GbR, Leonberg / Johannes Geyer
Printed in Slowak Republic / Imprimé en Slovaquie

KOSMOS

Die Natur im Gepäck

Frank und Katrin Hecker
Kosmos-Naturführer für unterwegs
352 Seiten, 750 Farbfotos
€/D 5,95; €/A 6,20; sFr 10,70
Preisänderung vorbehalten
ISBN 978-3-440-10578-8

- Arten- und Fotofülle pur: Porträts der 550 wichtigsten und bekanntesten Tiere und Pflanzen in 750 brillanten Farbfotos
- Einfach bestimmen durch die Gliederung nach Lebensräumen. So wissen Sie genau, wo die gesuchte Art im Buch zu finden ist: im Wald oder auf der Wiese, in Siedlungen oder am Gewässer, in den Bergen oder an der Küste

www.kosmos.de